健康是人生第一財富。

The first wealth is health.

──── 拉爾夫・沃爾多・愛默生（1803-1882）

CONTENTS

THE
PO
LA

WER OF ZINESS

發懶有益身心？

現今社會告訴我們，懶惰不可饒恕，應該多做
點事、儘量提高工作效率，然而這是真理嗎？
對樹獺來說，懶惰顯然是成功的策略，事實也
證明，懶惰對我們身心健康都有好處，甚至是
人類之所以為人類的關鍵要素。接下來讓我們
告訴你，為什麼現在該是「慢活」的時候了！

懶惰造就人類

我們之所以成為人類，是語言、工具的使用、文化，

還是因為天性懶惰？

作者／安東尼・馬迪諾特斯威爾（Antone Martinho-Truswell）

英國牛津大學動物學家　主要研究學習與認知科學。

人類是地球上最懶的動物嗎？答案應該顯而易見。我們天生具有動物界最強大的腦，靠它發明了車子、電腦、掃地機器人、咖啡機、自動分幣機和有聲書等等林林總總，為了少做點事而打造的機器和系統。只有人類能夠駕馭燃燒機制，藉此推動動力機械，讓我們少花點力走路；只有人類會架設供應鏈，所以可以優雅地在附近超市買到新鮮肉品，不需要長時間追蹤獵物並動手屠宰——我們非常擅長把工作丟給機器。

如果這是懶惰，那麼懶惰就是我們這個物種的特色。除了工具、語言和文化外，人類的特點還包括會打造許多複雜物件來幫我們做事，不管是體力活或耗腦力的事。從黑猩猩到鳳頭鸚鵡，很多動物都會使用工具；許多動物在溝通時會發出我們稱之為語言的聲音，少數動物會將資訊傳給下一代，因而建立了文化；然而只有人類發展出能讓自己少做點事的系統。人工智慧則是自動化過程的下一階段，在漫長的自動化歷史中，從馬到蒸汽再到矽，接下來不知道會是什麼。

▼ 與以往相比，農業現在只需要投入極少人力。

天性好逸惡勞

可能有些人老愛批評懶散的同儕，然而對於成功生存下來的生物而言，懶惰是最寶貴的適應能力之一，而且並非人類獨有，它也是動物界必備的美

▲ 自動化程序讓我們做事更有效率。

▶ 黑猩猩雖然擅長使用工具，仍然得花很多時間覓食。

德。所有動物──事實上是所有生物，都必須維持能量的平衡；如果有隻動物隨便浪費能量，例如四處溜達或過度工作，卻沒有多吃一點食物來彌補消耗的能量，那麼牠活不了多久。懶惰讓動物知道該如何管理能量：別去做沒必要的事！然而，這種懶惰的念頭只是影響動物生活方式的眾多動力之一，所以它不會永遠占上風，我們還是常常看到動物開心地蹦跳、玩耍或是整理儀容，不過，這種想要保存珍貴能量的動力從未消失過。

　　無論是將犁套在牛身上，或是設定一套投資演算法，某種意義上都算是在這種全體努力實現的懶惰目標上創新高。與其等到有需要的時候才犁田，而且只收成需要的量，我們反而會安排事務，就算不犁田（至少不需進行粗重的部分）仍然可以填飽肚子。我們的近親黑猩猩，是地球上非人類動物中最聰明的動物之一，但是說到讓自己少做點事的聰明伎倆，牠們就差遠了。一般而言，聰明的動物比較會花時間偷懶，黑猩猩當然不例外，牠們會打盹、社交、玩耍，這是小鼠（千辛萬苦才得以生存）夢寐難求的生活。儘管如

此，大型動物如黑猩猩，依然需要為了生活而努力打拚，以攝取大量食物和維生素，牠們可能要花上將近 30% 的時間來覓食，超過清醒時間的一半。雖然黑猩猩抓白蟻時，會利用細長的樹枝節省時間，然而人類有速食和微波即食餐，幾乎不需要花時間覓食，也無須花太多力氣生產食物。聰明才智讓我們可以比黑猩猩更加懶散：1400 年，英國將近 60% 勞動力貢獻於農業，如今拜懶人科技所賜，降到大約只有 1%。

然而正是因為有真正的懶惰才有所謂的效率。效率對所有動物都有好處，有效率的策略是指你可以在比較短的時間或花比較少的力氣，得到比較多的能量或減少消耗的能量；換句話說，效率終究是為了實現懶惰。懶惰讓所有動物具有生命力（或者說是更沒有生命力），懶惰也驅動我們發展出節省勞力的科技。真正懶惰的猩猩會欣然接受（從整個物種的層面來看）我們的科技所帶來的懶惰生活，然而人類卻將這樣的生活拒於門外，從古至今都一樣。

我們沒有滿足於現在的安逸生活，反倒繼續尋求更有效率的方法。我們發展出農業，能夠更有效率地填飽肚子，大可以偷懶度日（現代人可以花較少時間生產足夠糧食，多出來的時間得以休息），然而我們卻生產更多食物來餵養家畜，再把牠們宰來吃；懶惰的猩猩會停在基本農耕階段，人類則會花額外力氣，只因為我們喜歡吃肉。我們馴化馬匹，讓牠們載著我們移動；懶惰的猩猩會就此打住，然而人類喜歡追求速度，打造出各式各樣讓我們移動更快且更舒適的交通工具。我們發明電腦幫助記憶和計算，但並未就此滿足，現在還打算發展人工智慧，讓電腦可以不經人類同意就自行下決定。這著實是非常懶惰的舉動，然而懶惰的猩猩不會發展到這個地步，牠們只要得以生存，就會停手。

因此我認為我們不是懶惰的猩猩，而是「勤於創建的人猿」，我們發明可以偷懶的機器，再利用省下來的時間和資源打造更大的東西。我們以舊科技為基礎發展新科技、從舊的構想衍伸出新的點子，這是不停追求懶惰的猩猩從不曾擁有的目標。我們和所有動物一樣，藉由懶惰度過資源匱乏時期，或是避免做些得不償失、付出了資源卻得不到相應回報的舉動，然而我們現在已經走出懶惰。

大多數看到這篇文章的人，並不知道何謂真正具威脅性的資源匱乏，但這是多數動物面臨的生存環境。我們因擁有技術而成為地球上最懶惰的動物，但是我們一點都不懶，甚至想要創造新事物，追求更好、更大、更複雜而且與眾不同。即使生活無虞依然挺直腰桿繼續工作，永不停手。（賴毓貞譯）

別擔心，發懶就對了！

科學家為你背書，放鬆身心是件再正確不過的事。

作者／安迪・瑞奇威（Andy Ridgway）
科學作家兼講師。

放慢腳步，促進健康
忙裡偷閒對身心都有助益。

心理學家羅伯特・萊文博士（Robert Levine）於 1999 年做了一項如今相當出名的研究，他分析 31 國各大城市的生活步調，量測人們的行走速度，以及郵局職員遞出郵票所需時間等等現象，發現東歐跟日本的生活步調最快，而冠心病比率也最高。英國心理學家理查・魏斯曼教授（Richard Wiseman）2006 年重做這項實驗，僅量測人們的行走速度，發現比

起 1999 年，生活步調加快了 10%。

城市規模越大，生活步調就越快。我們如今的生活步調，比過往任何時候都來得快。曾經針對這個主題寫書的史蒂芬妮・布朗博士（Stephanie Brown）形容，這種快步調生活就像是種癮頭，「人們無法自已，動作只會越來越快。」布朗說，「你逐漸需要花更多時間在電腦前。人們把手機放在枕邊睡覺，這樣就能在起床後立刻拿起手機，看看有啥新鮮事。你就是無法不這麼做，漸漸地這些行為會如同起床後先喝杯水，變成一種需要。」不過有些人發覺其中有點問題。「社會逐漸到達某個臨界點，」布朗說，「我希望之後會演變成：跟人共進晚餐時，掏出手機會顯得不太禮貌。」

布朗建議我們先邁出一小步，克服想要加快生活步調的癮頭，也許可以從每天減少 5 分鐘檢視手機電子郵件通知開始，然後循序漸進。她說隨著社會文化轉變，電子裝置可能會內建限時功能，比方說蘋果已經宣布 iOS 12 可讓使用者監控自己在裝置跟 app 上花了多少時間。

除了整體生活步調外，有些事情慢下來也不錯，比方說吃東西。一項針對將近六萬名日本人的研究顯示，那些吃東西很慢或「速度正常」的人，比起狼吞虎嚥的人，較不會過重。一般認為人體的回饋機制需要 15 到 20 分鐘才能讓我們知道吃飽了，因此吃慢一點，可以讓身體回饋機制比較有機會發揮作用。

工作少一點，成就多一點
休息一下或打個盹，並不會妨礙工作表現。

這邏輯聽起來很簡單：你的工作時間越長，就能完成更多工作。不過多項研究指出，我們的大腦其實有點像肌肉，用得越多就越疲倦，所以應該要在短時間內衝刺，再搭配大量的休息時間。

根據軟體公司 Draugiem Group 的研究指出，關於工作與休息的平衡，關鍵數字是 52 跟 17：努力工作 52 分鐘，然後休息 17 分鐘。該公司透過生產力分析軟體 DeskTime 的數據，得出這樣的結論；採用這個模式工作的人，成就最高。

那麼你在這「理所當然」的休息時

間，應該要做什麼？當然是看小貓、小狗的可愛照片囉！日本廣島大學的研究者發現，學生在看過小貓、小狗的照片之後，比起看成年貓跟狗的照片，更能夠聚精會神，在尋找數字遊戲以及類似《外科手術》（*Operation*）之類需要靈敏度的遊戲，表現也比較好。這或許是因為可愛動物觸發了受測者天生的照護本能，使得他們能更為專注與警覺。

除了要更常休息，在白天閉目養神也有幫助。美國賓州大學研究發現，午餐時間打盹一小時的人，在回憶測試跟解數學題的表現，比起沒打盹的人來得優異；因為打盹讓大腦有機會充電。打盹的時間若是夠長，甚至可能有助於減重。義大利都靈大學的席摩娜・波（Simona Bo）針對 1,500 多名中年人做為期六年的研究，發現過程中發胖的人，每天平均睡眠時間是 6.3 小時，而那些體重落於健康範圍的人，平均睡眠時間為 7.2 小時。

無聊的好處

放空的腦袋才有創造力。

我們通常把無聊視為不速之客，欲除之而後快。不過研究顯示，讓自己覺得無聊也有好處。

「無聊是種頗受嫌惡的情緒，不過它其實對我們好處多多。」英國中央蘭開夏大學心理學講師珊蒂·曼恩博士（Sandi Mann）這麼說。曼恩的研究內容讓人無聊到不行，她最愛用的伎倆是鼓勵受測者努力抄寫電話簿，或在腦中讀出每個電話號碼；在另一項實驗中，她鼓勵受測者思考兩個塑膠杯有多少種使用方式。結果那些在腦中讀出電話號碼、被實驗弄得最無聊的人，能夠想出最多點子，換句話說也就是最有創意。

「你若沒什麼東西可以刺激腦袋，腦袋會自己創造刺激。」曼恩說，「你的思緒會四處漫遊、做白日夢，這相當重要，因為這樣可使你把各種事物串聯起來，擺脫大腦老是愛說『那點子有夠荒唐的，絕對行不通！』的侷限。」

然而無聊並不總是正向力量，比方說越來越多證據指出，容易覺得無聊的人，也較容易網路成癮，或是「不當使用智慧型手機」。

我們對於無聊感的反應，似乎是決定它有益或有害的關鍵。「無聊只是一個訊號，告訴我們該做些別的事了。」加拿大滑鐵盧大學神經科學家詹姆士·丹克特（James Danckert）解釋，「無聊本身沒有好壞，關鍵在於我們的反應是把它轉變成自毀行為，抑或刺激創意。」只要正確運用無聊，它可以激發創意、幫助我們釋放潛能的正向力量。（高英哲譯）

樹獺的祕密

為什麼自然界裡最懶惰的動物，卻是演化成功的代表之一？

作者／露西‧庫克（Lucy Cooke）

動物學家，著有《關於動物的意外真相》（*The Unexpected Truth About Animals*）

以及《樹獺慢活之道》（*Life In The Sloth Lane*）。

樹獺又稱樹懶，是自然界被誤解最深的動物之一，這些世界上行動最遲緩的哺乳動物，背負著述說原罪的名字，只因為牠們懶洋洋的生活方式，就得遭受千古罵名。「這些樹獺是最低等的生命形式，」偉大的法國自然學家喬治路易‧勒克萊爾（Georges-Louis Leclerc，又稱布豐伯爵）聲稱，「牠們只要再多一項缺點，恐怕就活不成了。」

然而他錯得離譜——樹獺是最屬害的生命形式，牠們已經在地球上生存了大約 6,400 萬年。學者在 1970 年代調查巴拿馬雨林時，發現樹獺竟然占哺乳動物總質量的三分之一。樹獺成功的祕訣就在於那懶洋洋的天性，牠們是節省能量的模範生，體能活動量只有相等體型

1 爪子

樹獺總是倒掛在南美和中美洲熱帶雨林的樹上，是世界上唯一倒著生活的四足動物。牠們的趾骨之間以韌帶相連，無法個別動作；再加上彎曲的爪子，形成了非常有效的鉤子，讓牠們能夠倒掛在樹上。牠們幾乎只用到收縮肌（例如我們的二頭肌），讓牠們得以沿著樹枝下方移動。

2 胃

樹獺幾乎完全靠樹葉維生。雖然雨林到處都是葉子，卻充滿毒素和粗糙的纖維質，難以消化。因此演化出與牛非常相似、有四個腔室的胃，並利用消化道裡的細菌來幫助消化。樹獺最多可花上一個月消化一片樹葉：如果消化速度快一點，牠們的肝臟可能無法承受，有中毒的危險。

3 脖子

樹獺最多有 10 塊頸椎，比其他哺乳動物多，即使是長頸鹿也只有七塊。英國劍橋大學的科學家在 2010 年發現，這些骨頭可能演化自胸椎。這群自然界的懶骨頭由於有長長的脖子，頭部可以轉動 270 度，不需要消耗寶貴的能量來挪動身體其他部位，就可以吃到身邊所有樹葉。

哺乳動物的 10％，而且擁有整套得以適應地球環境的巧妙特性，讓牠們一天只需要 160 大卡的熱量就能存活。（賴毓貞譯）

▶▶▶**Find Out More**

bit.ly/sloth_power
收聽 BBC 線上廣播節目《樹獺的力量》（*The Power Of Sloth*）。

4 體溫

樹獺的核心體溫偏低，只有攝氏 28 度到 32 度，大多數的哺乳動物則需要維持在 37 度。與其讓身體燃燒卡路里來維持較高的體溫，樹獺選擇像極地動物一樣，披上濃密的皮毛，也會像蜥蜴一樣曬太陽取暖。另外，樹獺如同冷血動物，經得起一天當中相差好幾度的體溫變化。

5 偽裝

樹獺的平均巡航速度只有每小時 0.3 公里，所以碰上掠食者時，牠們不會逃難，而是善用偽裝技巧來躲避。樹獺的皮毛上有可涵水的特殊溝槽，形成有 80 種藻類和真菌（還有大量昆蟲）的水耕花園，使牠們的皮毛呈微綠。每隻樹獺都是緩慢移動的迷你生態系，與雨林完美融為一體。

6 肋骨繫帶

演化出帶狀結締組織，能夠將消化道繫在最後幾根肋骨上，避免裝滿未消化樹葉的胃（重達樹獺體重的 1／3）壓在肺臟上，因此不需要花那麼多能量來呼吸。團隊估計，這些帶狀結締組織最多可讓樹獺少消耗 13％能量，對於採取低熱量飲食的動物而言相當可觀。

懶惰的大腦

心理學家彙整了我們在判斷上常犯的錯誤，製成認知偏誤圖表。

作者／迪恩·柏奈特（Dean Burnett）
神經科學家，著有《快樂大腦》（*The Happy Brain*）。

人類大腦雖然是至為精巧的機器，卻也是取巧的專家。為了處理由感官匯流而入的海量資訊，人腦盡可能演化出既快速又講求效率的行事風格，省下大把的時間與精力，這也表示它容易受偏誤與捷徑愚弄。

快速的決定也許會帶來不少問題，雖然要熟讀這裡羅列的偏誤會花上一些時間，不過，只要察覺這些認知捷徑，或許能稍作修正。我們也在後頁介紹圖表中以粗體字標示的項目，這可是人腦為了成就終極懶惰，精選的八條祕密通道呢！（劉書維譯）

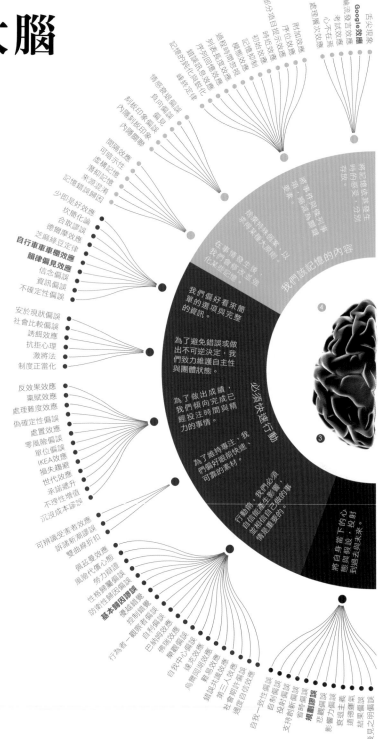

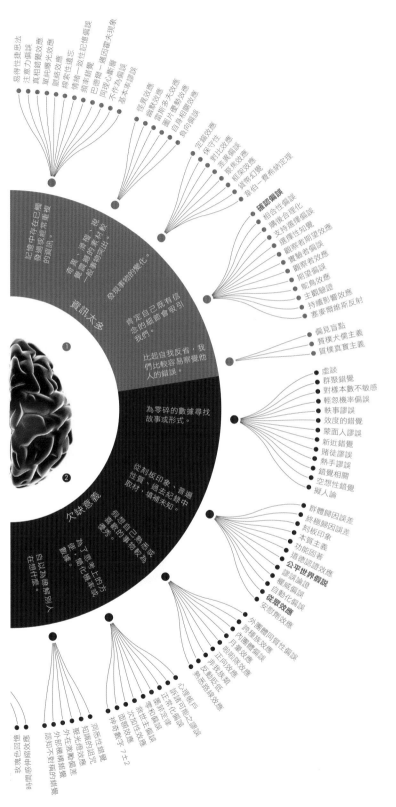

易得性捷思法
注意力偏誤
真相錯覺偏誤
曝光效應
脈絡效應
頻率錯覺
情緒一致性記憶偏誤
巴德爾—邁因霍夫現象
同理心斷層
不作為偏誤
基本歸因謬誤

怪異效應
幽默效應
畢馬龍效應
圖片優勢效應
自身相關效應
鳥奇偏誤

定錨效應
保守性
對比效應
希望偏誤
聚焦效應
框架效應
貨幣幻覺
韋伯—費希納定理

確認偏誤
相合性偏誤
賺後合理化
支持選擇偏誤
選擇性知覺
觀察者期望效應
實驗者效應
觀察者效應
期望偏誤
鴕鳥效應
主觀驗證
持續影響效應
塞麥爾維斯反射

偏見盲點
質樸犬儒主義
質樸真實主義

虛談
群聚錯覺
對樣本數不敏感
輕忽機率偏誤
軼事謬誤
效度的錯覺
蒙面人謬誤
新近錯覺
賭徒謬誤
熱手謬誤
錯覺相關
空想性錯覺
擬人論

群體歸因誤差
終極歸因誤差
刻板印象
本質主義
功能固著
道德認證效應
公平世界假說
誤設謬誤
自動化偏誤
從眾效應
安慰劑效應

外團體同質性偏誤
跨種屬效應
月暈效應
正面效應
正向效應
心理帳戶
沉沒成本謬誤
救世主情結
過度辯證效應
非理性增值
次加性偏誤
相容數效應
神奇數字 7±2

玫瑰色回憶
時間感伸縮效應

記憶中存在已曝露過或經常重複的資訊。

希奇、滑稽、引人矚目的素材比較一般事物的變化，一般事物殿出。

發現事物的變化。

肯定自己既有信念的細節會吸引我們。

比起自我反省，我們比較容易察覺他人的錯誤。

資訊太多

為零碎的數據尋找故事或形式。

從刻板印象、普遍性質、過去起錄中取材，填補未知。

根據自己熟悉或篤信的事物較為簡潔、簡化就蔑視。

為了思考上的方便，簡化機率與數字。

人腦覺得投資什麼。

欠缺意義

①
②

❶ 有時候，我們周遭資訊實在太多，因此腦會優先處理新奇有趣的資訊，讓熟悉或平淡的內容殿後。話雖如此，後者卻往往是情境中較為重要的資訊，好在我們最後總會淘選出有用的部分。

❷ 有些時候，我們雖然能處理所有資訊，卻無法在當下理解其意義。這時，我們的腦便會仰賴既有假設與刻板印象，突破不確定性的迷霧。不過，這些假設可能根本無效，甚至明顯有害。

❸ 雖然大腦的功能令人驚豔，但所有神經處理程序畢竟需要時間；越是複雜、需要理性的程序，所花的時間也就越長。遺憾的是，沒有人會停下腳步等我們把事情完全想通，這時只好靠我們的腦，利用直覺與其他情緒程序，即時決定。可惜這些速成決策往往不甚精準，還會扯我們後腿。

❹ 人腦雖有源源不絕的記憶容量，卻無法記得所有事。它怎麼知道哪些記憶是相關且有用的呢？大體而言，記憶基於刺激性與情緒性排定優先順序；不幸的是，現實生活中，決策需要的是邏輯與理論。所以，透過感性的記憶經驗做決定，往往無益。

江湖一點訣

八種大腦會採用的偷懶捷徑，值得一記。

1 從眾效應

大腦傾向於無視本身的信念，而是遵從其他人的想法。

2 基本歸因謬誤

這種膝跳反射般的反應，是指當別人發生壞事時，你覺得那是因為他們能力差或是犯了錯；但是同樣的事發生在自己身上時，你只覺得自己很倒楣。

3 公平世界假說

我們天生偏好假設世界是公平的、好心有好報，努力工作就能得到正面回報，而不願意接受很多事情都屬隨機。

4 Google 效應

在網路上能輕易找到的資訊，很容易就忘記。

5 自行車車棚效應

人們很容易花非常多時間討論枝微末節，比方說核電廠委員會對於職員單車車棚的設計爭論不休。

6 確認偏誤

能夠肯定我們既有信念的觀點，我們總是記得牢牢的。

7 韻律偏見效應

人們聽到有押韻的句子，會覺得比較有道理。

8 規劃謬誤

人們往往認為有計畫的旅程或工作一定會順利，無視於先前經驗完全不是這麼回事。（高英哲譯）

懶人救地球

你可以裝太陽能板、收集雨水，打造沒有廢棄物的
生態樂園，不過這些事做起來真是有點麻煩！
別擔心，以下祕訣可讓你不流一滴汗、輕輕鬆鬆做環保。

作者／路易斯‧維拉松（Louis Villazon）
自由科技作家。

1 不要洗衣服

或是不要經常洗。即使你用攝氏 30 度的水洗衣服，然後自然風乾，洗一次會製造 600 公克的二氧化碳；要是用烘乾機，則會增加三倍的排碳量。聯合國環境計畫跟 Levi's 牛仔褲都認為，你的牛仔褲跟牛仔裙起碼可以穿五次再洗，絲質跟合成纖維毛衣、夾克跟帽 T 也可以比照辦理。倘若全英國每個家庭每週都少洗一次衣服，每年就可以減少 84 萬公噸的二氧化碳排放量。另外，洗衣服時把洗衣精減半，衣服還是洗得一樣乾淨，同時減少流入河裡的磷化物；磷化物會導致河流海藻增生、害死魚類，並且抑制有機物質的自然分解。

2 牛奶配送

超級市場的牛奶不是裝在塑膠罐裡，就是裝在用多層紙板以及塑膠製成的紙盒裡頭。不過像是 milkandmore. co.uk 等英國牛奶配送公司，用玻璃瓶裝牛奶，送到你家門口。製造玻璃瓶需要消耗的能量，跟 30 年前相較之下已經減半；回收牛奶瓶也比其他瓶子來得環保，因為清洗過後可再利用，不需要把瓶子熔化成玻璃原料。比起單次使用的塑膠罐，玻璃牛奶瓶重覆使用五次，每公升牛奶產生的二氧化碳便減少 17%；重複使用二十次的話，可以減少 60% 的二氧化碳排放量。這樣做甚至可以縮短你準備早餐的時間，讓你再賴床久一些。

3 使用洗碗機

用手洗碗比用洗碗機節能的前提是你採取有效率的方法。若用熱水沖洗碗盤，而且更換好幾次水槽中的水，

大約會排放 8 公斤二氧化碳，相較之下用攝氏 65 度熱水的洗碗機只會排放 1 公斤二氧化碳；使用「節能」循環，還可把水溫降到攝氏 55 度，碳足跡再降 20％。把碗盤裝進洗碗機，洗完後再拿出來，只需要手洗碗盤四分之一的時間。不過要注意的是，洗碗機只有在裝滿時才有效率，在等待有足夠的碗盤塞滿洗碗機前，你可以把碗盤浸在冷水中，或用冷水先沖洗一番。

4 不要搭機度假

從英國飛一趟西班牙加那利群島（編註：單程飛行時間約 4.3 小時），幾乎會增加 1 公噸的二氧化碳排放量，相當於開六個月的車。航空旅程對於氣候的影響，不但比全世界所有汽車加起來還多，而且還是度假最累人的部分。若從英國搭火車去歐陸，九個小時就可以到巴塞隆納；考量開車到機場停車、

報到、安檢、等行李所花的時間，幾乎跟搭飛機差不多。不然也可以搭郵輪，享受一下行李不限重的待遇，兩個星期就可以橫渡大西洋到紐約，同時把這段路程變成度假的一部分。

5 跟別人同居

美國賓州狄金森學院 2015 年的研究發現，跟獨居相較之下，與人同居可減低 23％整體碳足跡。有些原因顯而易見，比方說這麼一來只有一棟房子需要冷氣，可節省不少能源。住在一起的伴侶，晚上通常也不太出門，可以減少交通排碳量。順帶一提，不用太擔心這會影響你們的關係，婚姻基金會發現，一個月只要出去約會一晚，就算是理想約會頻率。倘若你退休的父母也搬來同住，還可以進一步減少不必要的駕車里程——不但讓你在上班日有免費保姆，也不必在過節時還得開長途車回家省親。

6 不要三天兩頭就除草

雖然植物生長會吸收二氧化碳，但是一塊精心打理的草坪，產生的溫室氣體其實比吸收的還多。在除草季一星期使用一小時電動除草機，每年就會增加 15 公斤的二氧化碳排放量。使用氮肥的情況更糟，因為有些肥料會裂解成一氧化氮，這種溫室氣體的影響力是二氧化碳的 300 倍。其實兩週除草一次就夠了，若把除下來的草攤在草坪上，一樣有助於土壤肥力。不然也可以一年除三次草就好，其他時間讓草坪自然生長，還能促進生態多樣性，鼓勵蜜蜂跟蝴蝶前來造訪。

7 開車開慢點

在高速公路上開車時速 100 公里就好，不要到時速 110 公里，這樣可以省下 10％燃料，並且幾乎不會影響你的通勤時間。倘若從布里斯托開車到倫敦的路上完全沒車（編註：路線約 190 公里），這樣做也許會讓你多花 16 分鐘；但是在一般交通狀況下，你會先加速行駛，快要追上前車時再踩剎車，跟前車保持同樣速度，直到有機會超車時再加速。後者的行車風格壓力大多了，而且由於不斷加速跟剎車，會用掉更多燃料。研究發現一般狀況下，穩穩保持時速 100 公里，從布里斯托到倫敦平均只會多花 2 分鐘，每開 100 公里還可以節省 0.8 公升汽油。倘若每個英國駕駛都這樣開車，每年就可以減少 81 萬公噸的二氧化碳排放量，相當於一座小型天然氣發電廠的排放量。

8 在家工作

英國的平均通勤時間是單程 27 分鐘，每天來回幾乎要花一小時（編註：根據交通部 105 年統計資料，台灣上班族每日通勤時間約為 37 分鐘，居住在基隆市上班族的通勤時間居冠，約為 58 分鐘。）；如果你在家工作，這一小時就可以用來賴床或是陪伴家人。遠距工作不但

比較輕鬆，而且往往比較有生產力。研究發現在家工作的人，每年只會有 1.8 天生病，去辦公室工作的人則會生病 3.1 天。待在家裡顯然也會減低你的駕車里程數，有很多遠距工作者的公司，辦公室比較小間，可節省暖氣跟空調成本。你也比較不會製造一堆午餐吃沙拉或三明治的塑膠包裝。整體來說，每週只要在家工作三天，每年就可以減少 4 公噸的二氧化碳排放量。

9 使用網路銀行

英國人每付一英鎊的房貸或貸款，英國金融業就得製造大約 160 公克的二氧化碳。即使金融業務大多使用電子資料傳輸，分行跟辦公室仍然會耗能。網路銀行不但更為便利，也可以減少銀行必須營業的分行據點。你若使用信用卡或手機進行網路支付，保安運鈔車就不用為自動櫃員機補充鈔票而奔波。此外，金融業 10％碳足跡花在印製跟郵寄帳單上，因此選擇電子帳單，也可以減少排碳量。

10 別再刮鬍子

全世界每年大約丟棄 400 億支可拋式刮鬍刀，由於無法回收，因此只能送至掩埋場，更糟的情況是流入大海。一般刮鬍子的碳足跡主要來自熱水的使用；改用比較省事的電動刮鬍刀只需要用到 3％電力，相當於全英國每年減少 15.6 萬公噸的二氧化碳排放量。若完全不刮鬍子，還可以再節省製造刮鬍刀所需的 0.95 公斤二氧化碳排放量。對女性來說，在浴室刮腿毛是最不環保的選項，流不停的熱水每分鐘會製造 240 公克二氧化碳。倘若等到泡澡時再刮腿毛就不會用到額外的熱水。（高英哲譯）

大腦如何影響健康？

最新研究顯示，正向的心理態度有助於我們對抗感染，

讓我們更長壽，甚至免受手術之苦。究竟心念如何影響生理現象？

作者／安迪‧瑞吉威（Andy Ridgway）

科學作家、科學傳播講師，現居英國布里斯托。推特帳號 @andyridgway1。

▲ 皮質醇於偏光顯微鏡下的影像。人體承受壓力時會釋放這種激素，而長期高濃度皮質醇對健康有負面影響。

沒有人喜歡感冒，而降低感冒機率的利器似乎人人都有——保持開心。早在 2003 年美國有篇研究，找來 300 名已知感染一種常見感冒病毒的自願參試者，學者持續監控他們的症狀五天，結果明顯呈現較為樂觀的人出現感冒症狀的比例少了三倍；許多其他研究也支持這個結論。

正向的心理態度對於長期健康狀況也有好處。美國有心理學家分析 180 位天主教修女在 20 到 30 歲之間的自傳，藉此探討人格特質，發現樂觀和快樂的人比起其他人，平均能多活七至十年。

儘管以上研究人類心理影響健康程度的結果，仍然讓某些醫界人士抱持懷疑。但越來越

多研究顯示，我們的想法會直接影響自身健康。不只如此，我們怎麼想甚至能幫助治療某些小疾病。更重要的是，如今學者漸漸了解其中機制，發現人的意念與想法究竟如何和生理健康產生連結。

保持樂觀

研究這個領域的先鋒之一，當屬哈佛大學公共衛生學院李錦裳健康與快樂研究中心的共同主任蘿拉·庫柏詹斯基博士（Laura Kubzansky）。她在近期未發表的研究中，邀請七萬多名美國護理師參試，發現最樂觀的參試者比起最不樂觀的人，壽命長了近15%；部分原因在於，樂觀的人比較常運動且較少抽菸。

不只如此，「情緒較正向的人，比較會管理壓力。」庫柏詹斯基解釋，「許多生化程序由壓力啟動，包括高濃度的皮質醇會促進循環、造成發炎反應等現象，這些生理反應較少發生在正向的人身上。」此外，壓力少一點也能降低生理恆定負荷失衡的程度；這個醫學術語的意思是身體的整體耗損，例如長期壓力之下內臟所發生的損傷。

然而庫柏詹斯基表示，這可能只是整體情形的一隅。細胞內可能有其他生化程序，受到目前還未知的良性影響。之所以如此，部分原因來自於醫學研究多關注於生病時該如何掌握身體的狀況，而非安康時身體功能如何進行；這是可以理解的。「我們不擅於觀察生物功能良好時的情形，通常只看正常或有異樣時的生物樣態。」庫柏詹斯基道，「不過，著眼於正向生物學的時代來臨了。」

庫柏詹斯基的首要任務之一是研究人類微生物體，也就是在我們體內，尤其是腸道中居住的細菌與其他微生物群體；而微生物體會受我們身體運作情形所影響。庫柏詹斯基表示，「有些初步研究顯示，憂鬱症與腸道微生物體的改變有關。我們可以合理推論，反向操作這種效應可能也成立。」心理狀態可能影響微生物體，這是相當重要的見解，因為學者也發現，這些微生物的健康與組成與人類生理健康的數個面向有關，包括是否過重。

愚弄端粒

已有證據顯示，我們的想法會影響DNA。舊金山加州大學分子生物學家伊麗莎白·布萊克柏博士（Elizabeth Blackburn）調查人類心理狀態對端粒的影響，至今超過十年，她的研究成果在2009年獲得諾貝爾獎。端粒這段DNA為染色體末端的保護蓋，會隨每次細胞分裂逐漸縮短；當它變得太

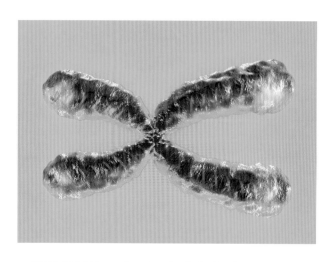

▲ 保護染色體的端粒（黃色部分），位於染色體（藍色部分）兩端。

短時，細胞便無法再次分裂而死亡。端粒過短與許多疾病有關，包括心臟與肺部等疾病。而端粒酶這種酵素，可以抵抗端粒隨時間越來越短的趨勢。

布萊克柏的實驗室首先觀察孩子患有長期健康問題的母親，研究她們的端粒。結果發現，照顧孩子的時間越長；即處於壓力狀態的時間越長的母親，她們的端粒越短。布萊克柏說，「這個結果相當令人震撼。」進一步研究心理對於DNA 是否有其他潛在影響，發現平均來說悲觀的人的端粒較短，而憤世嫉俗對長期健康也不好。另一項針對 400 多名英國公務員的研究發現，懷有憤世嫉俗或反抗性程度較高的人，較有可能肯定「多數人結

交朋友，是因為朋友可為己所用」這類敘述，且他們的端粒較短。

話說回來，我們的想法究竟如何影響 DNA？首先，當我們長期承受壓力時，皮質醇的濃度會上升。布萊克柏說，「我們知道這種荷爾蒙會減緩端粒酶補救作用的效率。」還好身體有應對辦法：提升端粒酶量。布萊克柏參與的其中一項研究招募 30 名自願者，讓他們在科羅拉多的度假村裡每天靜坐六小時、持續三個月。試驗結束後發現，這些人細胞內的端粒酶比沒去度假村的對照組多了三分之一。學者認為，端粒酶增加不應獨歸因於靜坐，更重要的是度假者體驗到較多的安適感；任何能讓你感到舒心的活動，都可能有相同效果。

安慰劑效應

只要談到生病時心理對於生理的影響，大家馬上會想到知名的安慰劑效應。這個效應是說，如果有人服用不具活性成分的假藥例如糖球，仍有舒緩頭痛、減緩感冒症狀等多種效

果，其中所有效應來自「相信藥物有用」的力量。數百年間不乏各式安慰劑療法的案例紀錄，但近期研究提出頗具深意的洞見。舉例來說，義大利一項研究發現，女性手術前服用的鎮靜劑如果是藍色糖衣的安慰劑，舒緩緊張的效果最好；橘色藥丸則是對男性病患的效果最佳。

安慰劑效應在手術過程中也扮演重要角色。曾有學者測試部分常見手術技術與「安慰型手術」的差異，例如病患以為自己接受全套手術，事實上可能只切開皮膚或是其他較輕微的手術。而許多研究結果發現，安慰型手術和全套手術一樣有效。這些典型研究常被用來質疑某些手術程序的必要性，但是也有科學家認為這麼做完全錯解了安慰劑效應；即不該用此效應來對照手術或藥物的效果，應該用來當作治療手段。

「安慰劑效應數百年來廣為人知，最糟的見解是將之視為藥物的敵人或威脅。比方說，新藥的開發動輒需要投入數十億經費，最後效果卻被安慰劑打敗。」史丹佛大學心理與身體實驗室計畫主持人艾莉雅‧克朗博士（Alia Crum）指出，「但若善加使用，其實安慰劑有很大的良性潛力。」

克朗在 TED 演講中提出關於安慰劑效應的見解（參閱文末 Find Out More），她談到某個實驗中不具活性成分的安慰劑乳霜居然可以消除過敏性紅疹，但唯有醫師為人溫和友善且顯示專業形象，例如識別證上寫著「史丹佛過敏研究中心研究醫師」的職銜時，才會產生這個結果。克朗向《BBC知識》表示：我們的研究顯示，安慰劑效應在醫學現場上演著。據克朗的見解，我們只需要讓醫師習慣思考在病患面前該如何做與該說些什麼，好讓安慰劑發揮更高效益。

大多數安慰劑的研究中，自願參試者常被告知他們接受的不一定是真正治療或安慰劑。不過哈佛醫學院研究安慰劑的學者泰德‧凱普查博士（Ted Kaptchuk）卻嘗試明白告知受試者，他們服用的是治療腸躁症的安慰劑。凱普查說，「全世界研究安慰劑的學者都說我是瘋子。」奇怪的是，結果顯示這樣的方式依舊有效，病患表示症狀改善程度達 60%。他補充，「事實上在九項研究中都有一致結果。」

上述結果有損常見安慰劑作用的解釋。一般認為安慰劑之所以有效，是因為病患以為自己接受了真正的治療，而讓他們「預期」有效果。但凱普查說明，許多前來參與「開放式安慰劑試驗」的病患，早已嘗試過許多療法卻不見效，似乎導致他們的預期心理與不確定感也參與其中。凱普查表示，

與社會心理相關性越高的病症，即涉及心理因素與知覺等病症例如慢性疼痛，安慰劑的表現效果最佳。凱普查聲明，「開放式安慰劑法不能治療瘧疾，也無法降低膽固醇。」

縱然我們尚未完全了解促成安慰劑效應的心理學原理，但它能影響生理是無庸質疑。舉例來說，在安慰劑止痛藥的研究中，當腦內啡與多巴胺等神經傳導物質受阻時，安慰劑效應也隨之消失。

心念的力量

心念具有治療力量的實例，不限於安慰劑效應。俄國心理學家巴夫洛夫在其著名實驗中，餵食狗時讓牠們聽到節拍器的滴答聲等聲音，並重複數次，藉此制約犬隻，使牠們聽到相同聲音後會分泌唾液；類似訓練也可運用於人類病患。

研究顯示，如果治療行為與另一件事物配對，例如甜味或氣味，爾後這件事物便能一段時間內產生與該藥物相同的效應。以

接受安慰型手術後，病患獲得改善的研究比例。

74%

51%

結果顯示安慰型手術和真實手術一樣有效的試驗比例。

安慰型手術的倫理

心念對於手術的有效性占有一席之地。一項發表於享譽學界《英國醫學期刊》的影響性研究，整合超過 50 筆手術試驗結果，比較安慰型手術與食鹽水清除膝關節疼痛等慣行手術；結果顯示 74%僅接受安慰型手術的病患，其病況改善，例如疼痛感降低。事實上 51%試驗中，安慰型手術和真實手術一樣有效。

幾乎沒有人質疑使用安慰型手術測試既有手術技術的意義，然而儘管前者看似有效，難道單獨使用安慰劑作為治療手段沒有爭議？哈佛醫學院安慰型主要研究員凱普查博士表示，「假手術不是件好事，它的效果不比糖球，而是具有實際的代價與風險。」他認為安慰型手術在倫理上無法立足，然而也指出公開式的安慰劑治療，即明確告知病患使用的是真藥或不具活性成分的假藥，不違背倫理。凱普查表示，另一種汲取心念力量同時符合倫理的方式是使用制約手段，在這樣的狀況下，有治療效果的嗎啡止痛藥與沒有功效的安慰劑如食鹽水配對，便能愚弄我們的身體。若一開始同時將兩者注入病患體內，最後只要單獨注入食鹽水就有止痛效果。

安慰劑效應數百年來
廣為人知，最糟的見解
是將之視為藥物的敵
人或威脅。

能夠測量快樂嗎？

如果說快樂對身體確實有好處，例如幫助我們對抗感冒甚至延長壽命，不禁令人疑惑快樂究竟是什麼？我們知道快樂的感覺，但能實際偵測到內在的快樂嗎？

英屬哥倫比亞大學加拿大分校心理學副教授馬克·侯德（Mark Holder）致力於尋找快樂的本質，「我將快樂視為沮喪的相反概念，就好像兩者坐落在同條數線上，當你離沮喪的那端越遠，表示你越快樂。」他請學生提供唾液與尿液樣本，並測量其中皮質醇與血清素的濃度。已知抗憂鬱藥物多設計成提高血清素，而皮質醇升高也與憂鬱有關。問題在於，樣本中兩種激素都與學生的快樂程度沒有任何關係。

侯德表示，「實驗結果說明，原始設計概念是錯的。」換句話說，快樂與沮喪無法視為同一軸線上的兩端。儘管如此，侯德沒有放棄，「我們做了一些推測，也就是進一步檢視某些假設性的生物標誌。」他測量神經生長因子：控制神經元成長的某些蛋白質，結果再次撲空。侯德表示，「目前我們無法揭開快樂背後生化機制的神祕面紗。」

德國一項研究為例，研究人員以雪酪的甜味作為刺激，使受試者體內產生自然殺手細胞，而這種細胞是免疫系統的一員。同理，未來或許可以利用制約反應，訓練病患的身體減少疼痛感、對抗感染或是舒緩過敏——也許最終能擺脫長期用藥。

所有研究結果都指向：未來不論是健康時或生病時，心念都占有一席之地。但還是有個難解之謎：我們究竟能如何改變心態？庫柏詹斯基說，「心態並不容易調整。我不認為有人敢說：我今天一定會樂觀向上；大概只有在理想狀態下才會這麼容易。但我相信依靠專注，確實可以調整心態。」若想將心念的力量運用於醫學治療，似乎也需要在醫界人員的心態多下功夫。「問題在於，我們該如何扭轉體系。」凱普查說，「關於心念，有時是科學，有時是意志，而有時候純粹是幻想。」

（劉書維譯）

> ▶▶▶ **Find Out More**
>
> 艾莉雅·克朗博士在 TED 的演講《善用安慰劑的力量》（*Harnessing the power of placebos*）：bit.ly/placebo_power
>
> 馬克·侯德博士在 TED 的演講《改變人生的三個字》（*Three words that will change your life*）：bit.ly/three_words

如何優化腦力？

有時候我們的腦就是不肯合作，彷彿心智有自我意識，不受控制。

然而人腦就像機器一樣，重置後會表現得更好。

我們將探索認知能力，提供系統運作加倍順暢的訣竅。

作者／瑞塔・卡特（Rita Carter）　科學作家、講師、廣播員，專精腦科學。

插畫／史考特・賓馬（Scott Balmer）

注意力

**它能寬闊如燈塔光束，也可以聚焦如雷射光點，
是你伸縮自如的好朋友。**

相信大家都有專注於手邊事務時被打擾的討厭經驗，遇到這種情形，別苛責自己心猿意馬，這是因為我們的腦有充分理由，演化成容易分心的狀態。我們會讚揚一個人擁有專注的能力，然而專注力必須有彈性，如果過於專注在某件事，很可能會忽略身後小偷踩上木板發出的咿呀聲，或是即將釀成火災的一縷輕煙。

事實上，注意力比表面上看來還要複雜、怪異。如果你仔細盯著某樣東西如風景照，可能覺得所有資訊一覽無遺，然而你每次只能攝入一點點資訊。這是因為當你越專心時，視野也越狹窄；這種現象稱為「不注意視盲」（inattentional blindness）。闡述這種現象的實驗多達數十種，其中最有名的例子是一群人互相傳遞籃球的影片。影片中有群人持續傳球，另一人扮成大猩猩，走到人群正中央搥胸，接著緩緩走出畫面。如果把這段影片播放給從沒看過的人欣賞，並事先請他們專心看影片中的籃球，那麼幾乎不會有人發現大猩猩的存在——因為大猩猩沒有落在他們注意的範圍。

多工作業也是當前的研究焦點。普林斯頓大學近期研究顯示，認為自己可以在同一時間專注多種事物，純粹是妄想。事實上大腦真正的運作方式，是在多種目標間快速切換注意力的分配。就算我們只專注於一件事物，一秒之內注意力總會脫鉤數次，以確保周圍沒有其他大事發生。當我們同時執行多種作業時，這樣的專注力斷層便會擴大，因此想周全所有任務的結果就是每件事都做不好——可見開車時滑手機有多危險。

從生理上來看注意力的特徵，是對應腦區的神經活動。舉例來說，如果你正在聽音樂，便會活化靠近耳朵的聽覺皮質神經元；如果你在研究一幅畫，後腦杓附近的視覺腦區便會活動；腦部後上方的頂葉腦區則主導三度空間的注意力。當我們越專注，腦部活動的強度與時間長度也會隨之增加。神經衝動若每秒超過 25 次，會產生一種稱為伽瑪（γ）波的腦波，顯示高度專注狀態；相對緩慢的腦波則代表較為渙散、遊走的注意力。

頂葉後方的腦區對於注意力特別重要，因為它就像是擎著火炬的手一樣，負責引導注意力的方向。如果這個腦區受損，可能會使人對周遭環境視若無睹，例如忽視左半視野的一切事物。雖然他們的視覺沒有問題，卻因為注意力無法作用，導致視而不見；唯有被迫特別注意某樣東西時，才能真正看見。

不過話說回來，其實大家都有類似經驗，只不過程度不及上述。這種視而不見的狀況可能表現在各種生活面向，比方說有人可能渾然不覺自己身居髒亂的屋舍、不察覺自己被他人喜歡或討厭、沒發現自己穿的襪子很怪或是被「劈腿」。有時睜一隻眼、閉一隻眼是種幸福，若氾濫也可能成災。儘管專注於手邊的事物是學習的重要技巧，偶爾開拓自己注意力的範疇也同等重要。

如何優化注意力

——做一張圖表，把日常生活分成工作、家庭、健康等區塊。規律地檢視圖表，想想在每個區塊中有沒有需要注意的事項，並在區塊上標記，直到完成才抹去。目標是讓圖表保持乾淨。藉由這種方法可以廣泛檢視生活，避免過度專注一隅，而忽略其他部分。

——每天閱讀、觀賞或聆聽新東西。不熟悉的事物會刺激少用的腦區，使腦細胞在未來比較容易被活化，幫助促進整體注意力。

——在需要長時間專注的工作之間短暫休息。當我們長時間做相同的事情時，大腦會將一成不變的連續刺激認為越來越不重要，使我們更容易分心。

——在執行需要高專注力的活動前，先做一點體能運動。美國伊利諾大學的研究發現，讓九歲孩童跑 20 分鐘跑步機，與休息 20 分鐘相比，前者的注意力表現較好：運動後的腦部活動數值，類似先前發現的注意力集中模式。

學習力

**重寫大腦的方式
有的簡單、有的困難。**

學習任何事物,不論知識或技術,都是重組腦部結構的生理程序。要理解其中道理,必須看我們把事物送入記憶時,腦中發生了什麼變化。

我們的所有經驗,來自腦中數百萬神經元同時產生衝動所創造。你可以把它想成聖誕樹上縱橫交錯的小燈泡串,透過不同組合閃爍的精細過程。不過和燈串不同的地方在於,當某些神經元一起被點亮,會產生極微小的改變,促使它們未來再一同亮起。

大多數神經衝動的組合只會發生一次,原因是這些改變最初非常脆弱;但也有些組合透過海馬迴這個深藏在腦中的馬蹄狀結構所編碼而再次發生。若衝動的組合反覆發生,其中的神經元最後會伸長觸手、彼此聯繫,形成持久的網路,這便是長期記憶。

相較於陳腐的內容,新奇、震撼、重要或痛苦的事件涉及的神經活動比較強烈,因而容易被編碼。例如一樁火災燙傷事件涉及視覺神經元(火災畫面)、體感神經元(感覺)以及邊緣神經元(恐懼感)等神經衝動的猛烈反應,爾後那怕是一瞥火光,都會觸發整體網路,包括記錄燒燙傷的神經元。這些記憶就算不自覺也會引導我們產生新的反應:身體沒有碰到火焰就已蜷曲,這就是汲取了教訓。在年輕的腦中,神經元連結網路的建構與瓦解,比在年老的腦容易得多,導致小孩學得快、忘得也快。

有些事物比較容易學習。比方說,只要讓嬰兒看到周圍的人走路跟說話,

如何優化學習力

——試著做筆記並經常複習。重複的行為可以重新刺激,並且幫助儲存記憶的神經網路穩固,達到預防遺忘的效果。

——試試美國康乃爾大學的筆記策略(lsc.cornell.edu/notes.html):
1. 把整堂課的內容做成筆記。
2. 根據筆記設計可能會出的考題。
3. 不看筆記,講出這些題目的答案。
4. 用筆記內容來對答案。
5. 規律複習舊筆記。

——在複習時的空間使用不常見的香氣。將這種味道沾在手腕上,作答卡關的時候聞一聞,這對具有情緒元素的素材特別有效。2011年荷蘭烏特勒支大學的研究讓參試者在充滿黑醋栗果香味的房間裡,看一段會產生情緒的影片,之後他們再聞到黑醋栗的味道時,便能觸發強烈的觀影回憶。

——將訊息分組,例如把下面這串數列832490198,切成832-490-198,這樣會讓資訊比較容易存放在工作記憶中。所謂工作記憶是種大腦系統,它會讓新資訊環繞在重複的神經迴圈中,一直到這則記憶被使用、學習或被新的資訊取代為止。大多數人只能在神經迴圈中處理五組左右的物件,而在這個例子中,分組技巧能有效將九個資訊化簡為三組資訊。

他們不需要花太多力氣就能學會。諸如此類的天生技能會在特定時期逐步發展,這是由於人類基因的設定。而其他新奇的技能,比方說閱讀、四則運算,以及非直覺性的知識如美式足球的越位規則或是熱力學定律等,則必須刻意學習。無論哪種情形,反覆練習與勤加研讀都能強化與該知識相關的神經網路連結而增進記憶效果。

有些類型的學習會經由「鏡像細胞」所促成,這種細胞會在我們看見他人行為時被活化。假設你看見別人舉起手臂,腦中部分與這個動作有關的神經元也會產生衝動。鏡像細胞會自主激發模仿行為,而模仿對於動作技能的學習相當管用,例如學會一段舞步或是網球的開球技巧。

海馬迴不僅只能將經驗轉化為知識,某種程度上也有儲存知識的功能。有個針對倫敦計程車司機的著名研究發現,這些司機心中深諳城市詳細的街道圖,他們的海馬迴後側明顯比一般人大上許多。另一個與學習有關的重要腦區稱為梭狀臉孔腦區(FFA),這部分的皮質位於兩側耳下,負責記憶臉孔,並且與語言及情緒腦區相連,使我們看見一張臉時,能想起名字與相關情緒。

記憶力

**記憶系統有三種，
但別輕易相信⋯⋯**

前文提及，學習能將經驗轉化為知識，不過我們必須日後還能記憶與回憶資訊，才能讓這些知識有用武之地。

我們的腦對於想記下來的東西非常偏心。大部分的經驗僅僅與我們擦身而過就逐漸淡忘，那是因為這些經驗看起來不太有用，所以不需要硬塞進記憶裡。

當我們確實把東西記下來，使用的系統大致分為三種類型，對應不同的腦部處理。工作記憶使用快速產生衝動的神經元，能在心中短暫留存新資訊，用來應付快速的需求。另一種系統是短期記憶，它與腦中神經衝動形式的短暫改變有關。至於長期記憶，則涉及腦組織的永久改變；除非這部分的腦組織死亡或受損，否則長期記憶不太可能消失。

隨著我們逐漸老化，越來越不容易記憶事物，這是因為抑制干擾的神經元效率變差的緣故。此外，由於腦組織的可塑性降低，建立長期記憶也變得困難，就算提取已經滾瓜爛熟的知識也比以往難，這可能是因為我們不再擁有記憶的捷徑所導致。記憶必須透過相關事物的刺激才能作用，這是種非常依賴當下狀態的特性。例如退休律師的腦中可能還保有專精領域的法律知識，但只有當他身在從前的辦公室或是法院時才想得起來。

遺忘自己想記住的事物是一大記憶

如何優化記憶力

——攝取大量維生素 B，例如全穀類、種子、堅果與豆類，有助於促進腦功能，包括神經傳導物質的製造。研究發現有輕度記憶問題的人若攝取大量維生素 B，其大腦萎縮的速率減半，但相關效果仍待觀察。

——善用押韻或縮寫字等記憶法，都有助於讓訊息更容易記憶。

——想像熟悉地點的畫面，例如自家，把你想記憶的東西放置其中，這麼一來能在心中畫面遊走，藉此回想曾收藏在某處卻不熟悉的物件，有點像福爾摩斯的「記憶宮殿」。

——每天早上寫下待辦清單，一天中不時翻閱，確保這些項目在心中的印象鮮明。

——確立習慣。比方說每天回家把鑰匙放在固定的鉤子上，如此大腦便會創造物件（鑰匙與鉤子）之間的連結：每當你想到鑰匙時，自然會想到鉤子。

雖然這種腦部活動與事發時相似，卻不可能完全相同。就算我們只是回顧過去，大腦都持續從當下汲取資訊，因此神經元不只被記憶刺激，同時接受周遭的聲音、畫面、氣味等等刺激。這些刺激的形式融為一體，因此每當我們回想一段記憶，也會加入當下資訊。譬如在回憶那個陰雨濛濛的日子時，你正好在吃披薩，就有可能讓披薩進入記憶中，導致下次你再度回憶那個陰雨天時，可能還會記得自己在吃濃郁的起司披薩。

諸如此類的記憶扭曲著實不可避免，有時相當危險。幾十年前心理學家伊莉莎白‧羅芙特斯（Elizabeth Loftus）闡述，錯誤的記憶出乎意料地容易植入我們的記憶中。如今學者有了新發現，稱之為「選擇性盲目」（choice blindness），意思是我們無法察覺自己的陳述已失真——這對於仰賴目擊證人報告的刑事訴訟有巨大的影響。2016 年加州大學的研究中，學者請參試者從一排人指認虛擬犯罪現場的嫌疑犯，兩天後請他們再次確認指證對象，暗中換上另一人的照片供指認；然而三分之二的參試者認為照片中的人就是自己第一次指認的嫌疑犯。

由此看來，記憶確實難以捉摸，我們最好對自己相信的事情抱持半信半疑的態度。

缺陷，另一種則是不精準或捏造出來的記憶。回憶從前發生過的事，某種程度上來說便是再次經歷那件事。比方說回想假期中某個陰雨日與感覺神經元的活動有關，這個感覺神經元起初創造了雨滴的感覺、陰鬱地景的視覺以及所有關於情緒（或許是失望，因為不能去海邊玩）的感覺。另一方面，記錄了當時你身邊人群臉孔的神經元，也許會再次伴隨著那些與當下享用食物的神經元，一同產生衝動。

問題解決力

**當用智力蠻幹失效時，
試著開拓心靈！**

有 兩種可以用來解決問題的智力
類型：結晶智力與流動智力。
結晶智力使用儲存的知識，回答關於
事實的問題，例如光速有多快。這種
智力端賴我們學習與記憶資訊的能力。

流動智力則涉及解決更富創意的問
題，比方說如何透過只允許一人通過
的獨木橋，順利運送獅子、山羊與高
麗菜過河。這種問題比較難應付，部
分是因為問題的答案常常突然出現在
意識中，並且不太能夠觀察其中認知
的處理過程。大腦在對付不同的謎題
時，似乎也會使用不同的解題策略。

我們通常能解開只包含寥寥幾個因
素的簡單題目，例如「如果 ABC 是
123，那 DEF 是多少？」解決這個問
題，你必須先知道三件事：代數的字
母、數列的概念及將兩排數列類比的
編碼技術。只要你有這些知識，不用
尋找額外資訊，就可以將字母對應到
恰當的數字。在這種狀況下，將注意
力放在問題本身，便可以幫助我們找
到正確答案。

複雜的問題則需使用另一種途徑，
這是因為你需要知道以及應付的事情，
比有意識的大腦所能處理的還多。好
比走一著棋可能會產生上億種結果，
人腦不可能把所有結果都想透徹，更
別說同時思考這麼多可能性，並比較
優劣。西洋棋初學者在面對複雜的棋
局時，經常會費勁專注於思考各種可
能的棋步，然而這不僅幫不上忙，緊
繃且狹隘的注意力範圍，反而會使態
勢雪上加霜。

原因在於專注棋著序列的計算，主

要由大腦的左半球執行，而使視野較寬廣的右半球腦區關閉。相形之下，大師級棋手會同時運用兩個腦半球：右半球產生直覺式思考，察覺棋局的微妙走勢，並提供脈絡給左半球去計算棋步。這端賴多年對弈經驗，不僅能在西洋棋的世界立判老將與新手，也適用每個需要解決複雜問題的領域。

2008 年維也納醫學大學的研究進一步發現，窄化的專注力何以阻礙解決問題。學者監控正在解開文字謎題的參試者腦波，發現高強度的專注力使腦波活動因限於特殊形式，產生認知上的「管狀視覺」（視野範圍如同從管狀物中看出去）；低強度的專注反倒使神經活動形式多變，比較容易納入新資訊。兩者的差異就好像是從固定角度盯著一個物體，試圖理解它是什麼東西，以及繞著它周遊，接受一切可能的線索。

除了從多種角度解讀問題之外，傑出的解決問題策略還包含在壞主意占用有限的認知資源前，快速將它遣散。這種能力最近才被導入人工智慧，因而首次創造出打敗世界頂尖人類圍棋棋手的機器。能自我學習的人工智慧在這種源自古代中國的策略遊戲中，會推演下棋策略、記錄不管用的方法，將後者貼上避免使用的標籤後，反饋給系統。而在人類的腦中，類似程序是由前扣帶迴皮質（ACC）這個腦區所執行，這小塊組織深藏在兩個腦半球間的腦溝中，或許是使人類成為世上最會解決問題的功臣——起碼在被人工智慧打敗之前是如此。

如何優化問題解決力

—— 利用越來越困難的問題作為自我挑戰，最終你的大腦將學會拋棄應付簡單問題時使用的固定專注策略，轉為從多角度檢視解決問題的可能性。

—— 在解謎題卡關時，先把注意力轉移到別的地方再回頭研究。這樣能阻斷固定的神經衝動的形式，避免使大腦受限於不成功的途徑，同時醞釀解答，讓大腦在無意識中尋找可能有用的知識。當我們再次回到解題之路的時候，這些新資訊便可能成為解答的方法。

—— 將解決問題與低強度的活動結合，例如走路或慢跑，這會幫助降低注意力，因為我們需要一些腦力執行低強度活動。此外這些活動會促進血流以及釋放腦內啡，讓腦細胞和全身一起活絡起來。

—— 複雜的解謎問題需要左腦投入，因此試著讓思路寬廣，或許有些概念當下看似不相關，卻能幫助拓展思考觀點。讓自己的想像越不設限，越有可能會在無意間發現解答。

創意力

**創意的配方大概是
專注與放鬆的巧妙組合吧！**

人類的創意一直是個謎團，然而某次意外發現，讓我們對這個難以捉摸的概念有了突破性進展。

大多數的腦科學研究常要求參試者配對文字或做一些計算等任務，同時以造影儀器掃描他們的腦，藉此構築人們執行某件事時，會活化哪個腦區的圖譜。然而多年來從沒人想過我們沒在做事時，腦部的模樣。幸好大部分腦科學研究中都有段休息時間，研究者會請參試者不特別想什麼、好好放鬆，這個時期的腦部活動，常常連同活化期被記錄下來，所以我們手邊有許多現成數據。

後來在偶然的機緣下，科學家才發現每個人休息時的腦部活動幾乎相似，這種形式被稱為預設模式網路（DMN），正是解開人類創意的鑰匙。

DMN 與另一種稱為執行功能網路（ECN）的神經電位形式恰恰相反，後者會在你「做事」時啟動。ECN 狀態下的腦部神經元衝動快速，但只發生在數量相對較少的腦區。這種目標導向的活動會使大腦限制於專注思考。然而，如果這個人停止追求某個固定目標，大腦便會切換成 DMN 模式，特徵是廣泛且分散的腦區有著低強度活動。這種狀態會讓人感覺既放鬆又自由，在這種時候產生的念頭常常關乎自身，包含過去以及想像中的社會情境；有些人可能會回想當天稍早的對話，或者演練等等該與預定見面的人說些什麼。

在 DMN 的狀態下，想像力便脫穎而出，因為這個時候大腦不再受限於建立或執行某個特定行動計畫的需求，

能嘗試許多不同的點子，想像並比較不同結果。同時讓思想與記憶暫時以不尋常的方式建立連結，創造一種近乎超現實的內在狂想，譬如魚兒會飛、豬會說話等奇景。

然而，想像力並不完全等於創意。全然不受拘束的大腦會拋出許多瘋狂的想像，但這些點子可能與精神異常差不了多少。創意必須是有用的，比方說設計更厲害的捕鼠器，或者包裝在技藝之中——達利的畫作。因此如果要從 DMN 狀態汲取產物，大腦至少需要啟動一小部分的 ECN 才行。

一般來說，我們在兩種狀態中穿梭：當 ECN 啟動時，DMN 會自動關閉，反之亦然。研究顯示，有創意的人可以同時啟動兩種網路。2018 年有篇研究要參試者思考襪子、肥皂與口香糖包裝紙有什麼創意使用方式，同時記錄腦部活動。部分參試者充其量只能想到包覆足部、產生泡沫等答案，另一些參試者則提出水質過濾系統、歐洲古代信箋封蠟以及天線電纜等妙招。研究發現，這些有創意的人和其他人不一樣，他們能同時啟動 DMN 以及部分 ECN 功能。

那麼我們能夠透過學習，啟動這種特別的神經活動形式嗎？目前還沒有人測試，不過腦部的神經活動是種習慣，就跟大腦下指令所產生的行為一樣，如果希望自己更富創意，我們可以鼓勵它滋長。

如何優化創意力

——搭乘大眾交通工具時，看看窗外，不要盯著手機。研究顯示，做白日夢以及無聊的狀態能讓心靈漫遊，有助於激發創造力。

——剪下報紙的資訊，重新組合文字，創造出文法正確但胡說八道的內容。透過維持正確的文法結構，讓新造的句子保持某種意義，以便強迫大腦用新的方式看一則內容，這就是隨手可得的創意思考。

——把燈光調暗。2013 年德國斯圖加特大學與霍恩海姆大學的心理學家研究發現，昏暗的燈光能促進創意；他們認為黑暗能創造自由的感覺，觸發冒險犯難的行事風格。

——在閱讀故事時中途停下，試想五種可能的結局。

——把你現在看的視覺經驗轉換成奇怪的東西。例如想像周圍所有東西上下顛倒的樣子，在這樣的狀態下，他們有什麼新用途？

——在做白日夢時從中打岔，想想看有沒有可能運用在現實生活中？或許可以把這些內容妝點成有趣的故事，或是茶餘飯後的話題。

決策力

你做的決定
是所謂的自由意志
還是充滿情緒的選擇？

我們做的每個決定，都是經由極其複雜的神經活動產生。雖然感覺起來好像擁有選擇權，但事實上我們決定要做的行為，全然由自發性的神經活動所指導。腦部造影研究顯示，透過腦部活動可以在當事者覺察自己要行動的前 10 秒，預測其行動。

這個發現對於自由意志的概念有巨大啟示，至今科學家與哲學家仍對此爭論不休。有些神經科學研究顯示，就算是那些我們自認費心做出的重要決定，儘管比較複雜，但事實上都如膝跳反應般，屬於自發性的活動。認為自己有決策能力的感覺似乎是大腦創造的高明幻覺，因為這樣能產生責任感，好讓我們據此調控自己的行為。

產生決策的腦部活動從杏仁核開始。杏仁核是兩個一組、長得像杏仁的核狀物，可以讓我們產生情緒。杏仁核會在短時間內透過我們的感覺以及對感覺產生的反應，登錄資訊流並傳遍大腦。我們會根據杏仁核評估各種刺激的結果，產生逃跑、戰鬥、靜止或攫取的衝動。

然而，在我們根據杏仁核的訊息行動之前，這些資訊通常還會被更細緻的腦區處理，例如能產生認知性思考和情緒的腦區。而與識別有關的腦區會去了解現在發生什麼事；與記憶有關的腦區則與過往經驗比較；與推理、判斷及規劃相關的腦區，會建構各種計畫。幸運的話，我們會選擇並執行

最佳計畫，但如果這個程序出現錯誤，我們就可能猶豫不決或出盡洋相。

決策過程的各種階段由不同腦波類型標記。頻率介於 25 至 100 赫茲（Hz）、快速的伽瑪（γ）腦波，能針對做決策時各種須納入考量的因素，產生敏銳的覺察。假設你打算選擇三明治，各種與味覺有關的腦區細胞都會產生 γ 波，同時火腿、豆泥、全麥麵包、酸麵包等味道浮上心頭並加以比較。雖然我們可能會覺得想起所有選項很有用，但過多資訊反而使人產生選擇障礙。所以不相關的因素會在不知不覺中快速被遣散。當你站到點餐窗口前，可能只剩起司與番茄會引起神經興奮。

在這段稱為比較期的高度活動之後，腦波會轉為 12 至 30Hz 的低速波，並減少大部分的 γ 波活動，只留下一個發出 γ 波的熱點，代表最後的選擇。

我們可以預先將自己調整到能讓這個程序順暢執行的處境，幫助它做出好決定。在下決策前，先做些刺激生理或心理的活動，能幫助大腦產生 γ 波，這能讓我們在決策前期完整覺察各種選項。不過如果過度刺激大腦，可能會阻止腦中的開關切換成低速波，讓我們很難做出單一選擇。情緒高昂也可能會活化腦中杏仁核與行動腦區的連接路徑，導致恐慌或衝動行為。

如何優化決策力

——羅列出你做過的錯誤決策，看看彼此有何關連，是妥協下的結果還是操之過急？當你找出關連性時，試著分析當時做的策略，並刻意地暫時使用相反策略。如果是因為過於急躁，試著延遲做決定，好好覺察心中浮現的各種模糊、隱微的因素。

——在做決定之前，腦力激盪一下，然後好好睡個覺，明天再執行。就像創意力一樣，好的決策也能從無意識的醞釀中得到好處。在這個過程中，大腦可以四處遊蕩，從記憶中翻找有用的資訊。睡眠是種極端的醞釀，夢境所提供的重要線索，可能會讓你醒來後做出更明智的決策。

——試著從現在的情境中退一步，問問自己：別人可能會怎麼做？這會迫使你的大腦從別的角度思考，或許能揭露先前未考慮到的因素。

——寫下偏好的選項，並在情緒性字眼做註記。如果刪去那些字眼後再看一遍，還覺得理想嗎？如果不是，這些註記的文字便是你做這個決定的真正原因。外表好看、有趣或許是選擇約會對象的重要因素，但如果是挑選會計師，可能就不妥貼了。

腦力訓練

這就是關於益智遊戲、填字遊戲等等訓練腦力的審判結果……

大腦就好像密集的肌肉群，每條肌纖維都有專屬任務；運動其中一條肌纖維固然能使它強壯，但如果想要提升整體認知能力，必須全都訓練到才有效。舉例來說，如果成日練習計算，運算能力確實會變好，但如果你沒練習過估計，而這種技術在大腦中是由完全不同的肌群所執行，那麼你判斷群眾人數的技術並不會比一般人強。

開發腦力訓練的難處在於，許多活動無法促進大腦跨區域的各種功能，僅能達成一部分的練習。如今統整視覺搜尋功能、動態協調挑戰以及字詞提取遊戲等訓練套組的廣泛好處已受認可，不過話說回來，如果你有健康的腦，足以完成一般事務，那麼對你而言最好的訓練其實正是日常生活。舉凡參與社群活動、欣賞藝術、聆聽音樂、參與公眾事務以及豐富社交生活，都相當不錯。

不過，並不是所有人都有健康的大腦，我們也並非總有機會發展或練習所有認知技能。腦力會隨年齡衰減，

就好像身體其他器官一樣，許多人無法充分享受生活，因為他們受限於重複性工作，或是因為某些原因，缺乏智力刺激。

當我們逐漸老化，神經元會變得比較無法受環境刺激而興奮。部分原因在於荷爾蒙與神經傳導物質的減少，也因為新奇而刺激的事情變少了：我們的大腦已經去過很多地方、做過很多事，不需要耗費力氣就能再做一次。正如同腦神經的活動能促進同樣的路徑再次活化，減弱的神經活動也會減弱未來的類似活動。所以不論你選擇打電玩、閱讀、聽音樂或運動，腦力訓練的首要目標就是讓你的腦興奮。

第二件要做的事情是盡可能地鍛鍊各種認知肌群。填字遊戲是當然之選，

這個遊戲涉及數種認知元素，包括技藝、解決問題以及空間敏銳度（思考不同文字如何湊在一起）。不過如果你太常玩填字遊戲，可能會因為太過熟練而無法再次拓展腦力。自詡每天都能完整破解填字遊戲的人，從這個遊戲獲取的訓練效果，可能比搜索枯腸找尋一個簡單線索的人還少。

同理，數獨遊戲可能相當具有挑戰性，對於初學者尤甚。但是每天玩數獨只能讓你的數獨功夫更上層樓，這種技術在其他領域恐怕頗難找到用處。

攝取保健食品有效嗎？

多樣化飲食應該能提供腦部所需的各種營養，但是吃越多效果越好嗎？鯡魚、沙丁魚與鯖魚等魚類富含 omega-3 這種脂肪酸，是最有名的補腦聖品，可惜相關證據不足。知名健康研究權威機構考科蘭（Cochrane）組織於 2012 年發表的文獻回顧指出，沒有證據顯示 omega-3 可以降低認知障礙的風險。另一方面，2015 年加拿大學者的整合研究總結：對於精神狀態穩定的中老年人來說，omega-3 脂肪酸、維生素 B、維生素 E 等營養補充品，並不影響其認知功能。

同理，宣稱人參與銀杏等草本營養補充品有效的證據，也無法通過嚴格檢驗；其他所謂「腦力大補丸」幾乎都是如此。非營利組織天然藥物資料庫（Natural Medicines Comprehensive Database）持續蒐集並回顧數據，在他們評估的 50 多種品項中，無法證明任一種有效。儘管少數營養補充品被評比為「可能有效」，但大部分都直接歸於「證據不足」。

然而，缺乏有效證據並不等於無效。大規模、昂貴的研究能明確顯示某樣東西是否管用，但通常只有藥品能有這樣的待遇。無怪乎那些用在健康人身上的東西，找不到同等研究。

營養補充品並非全無風險，它們可能與藥品交互影響引起糟糕的副作用，尤其是過量攝取的時候。不過如果你覺得需要為腦部進補，食用營養補充品以獲得每日建議攝取量的維生素與礦物質，不失為好辦法，特別是你認為自己飲食不均的話。如果出現任何副作用，切記洽詢醫師。

腦力開發

電流刺激與聰明藥
能讓你頭好壯壯嗎？

電擊大腦

在頭上纏上電極、通電刺激大腦聽起來似乎很恐怖，但在正確操作下，非侵入式的跨顱直流電刺激（tDCS）其實很安全。它的微弱電流會讓人感覺有點刺刺的，但不會痛。關於 tDCS 的研究很多，主流學術文獻超過 2,000 篇，研究發現它安全且可被大多數人承受，連小朋友也沒問題。

那麼 tDCS 對我們有好處嗎？許多研究發現它能促進整體認知技術，還能舒緩憂鬱症等情緒疾患；但有部分研究指出，它的功效微乎其微或完全無效。一般而言，每天大約 10 到 20 分鐘的 tDCS 似乎能提供適中且累積性的效果，然而由於很多研究對象是有腦部問題的人，所以這樣的結果對於腦部健康的人來說不一定可靠。

另一件值得注意的事情是，tDCS 的效果與電極安置在頭顱上的位置有關。一般而言，最有效的位置是背外側前額葉，因此常被作為預設的刺激點，因為它對情緒、記憶與認知有正面效果。如果需要其他效果，得選擇不同的安置處，有些 tDCS 產品會附上電極位置參考圖。

市面上有數十種 DIY 儀器，包括 foc.us 與 TheBrainDriver 等知名品牌。目前沒有法規限制 tDCS 儀器的銷售，但購買前要做功課。有些昂貴的機型專供研究使用，一般居家並不需要。另一種極端選擇則是太過便宜的自製儀器，這些儀器可能欠缺可靠的計時設計或安全措施，如產生電流脈衝時自動斷電設計。不過，目前檢驗這類 tDCS 消費型產品效果的獨立研究非常有限。

聰明藥

聰明藥是數百種據說具有促進腦力的化學物質統稱，網路上很容易買到，估計約有 12% 的大學生為了促進課業表現而服用過聰明藥。它也被稱為益智劑（nootropic），包括處方藥物如利他能（Ritalin）、阿得拉（Adderall）等注意力缺失疾患藥物，以及莫待芬寧（modafinil）等猝睡症藥物。這些藥證實對病人有益，但是對於健康的人效果不甚明朗。此外，這些藥物可能有不良的副作用，在沒有醫生的指示下自行使用非明智之舉。

聰明藥也包括一些中草藥，據說有其效果，不過還沒通過嚴謹的試驗，不足作為處方藥品。（劉書維譯）

我們為何虛構記憶？

記憶讓我們鑑古知今，藉此準備未來，誰會知道記憶也有冒牌貨？
心理學家正在研究，這些記憶贗品或許有不為人知的妙用……

作者／菲利浦・鮑爾（Philip Ball）
科學作家、BBC 線上廣播科學故事節目主持人，著有《不只是怪》（*Beyond Weird*）。

▼ 你記得那時誰參加了你的畢業典禮嗎？

洛柏·奈許博士（Rob Nash）在妹妹的畢業典禮上，見到前新聞主播特雷弗·麥克唐納（Trevor McDonald），這令他感到相當興奮。

「那時麥克唐納獲頒某種榮譽學位，」奈許回想，「我恰好坐在禮堂後方，只能瞥見他穿著不合身又繽紛的學士袍。他的致詞很長，好像沒完沒了，但在那之後我逮到機會與他會面。」

然而奈許這位英國阿斯頓大學的心理學家在數年後發現，麥克唐納根本沒有參加那個典禮。事實上，連他自己也沒有出席妹妹的畢業典禮——整個故事都是他的想像。

諸如此類的虛構記憶其實不少見，我們確實會記錯事情，不過虛構的記憶卻可能有著極為豐富的細節；與其說是記錯，更像是細緻的幻想。我曾記得有本年輕時練習彈奏過的樂譜，裡面的樂曲充滿蕭邦與佛瑞的風格、帶點傷感調性的浪漫音符，我甚至依稀記得幾段，但我逐漸體認到不可能找出那本樂譜，因為那事實上是我的想像。

《時代》雜誌近期有篇專訪，小說家伊恩·麥克伊旺（Ian McEwan）談及類似虛構記憶的事件。他確信自己寫過一篇「驚為天人」的中篇小說佳作，文稿在他搬家後收藏在抽屜某處。後來，他四處搜尋這篇佳作，他說，「我心裡有個清晰的畫面，不論是資料夾、紙頁以及放文稿的那個抽屜都歷歷在目。」但事實勝於雄辯，「那段時間我的行程表都排滿了，根本沒時間寫書，整件事就像一場夢。」

奈許曾覺得自己比一般人容易發覺虛構記憶，畢竟他是研究這門學問的專家，但他的專業與經驗也無法使他倖免。

那麼，我們最初究竟如何產生虛構記憶？過去十年間，奈許等心理學家開始懷疑，虛構記憶非但不是一時心理錯亂，甚至可能有實際好處。它也許能促進我們處理資訊的程序，

幫助我們思考；更令人意外的是，它可能是認知上隨手可得的工具箱。

記憶不可靠？

根據奈許的說法，記憶並不是在腦中資料櫃翻找事件，「記憶比較像是在說故事。」所以大腦會自動補上被遺忘的細節。我們很難知道哪些部分與事實不相符，充其量也只能認同，「記憶就是我們所擁有的事實。」儘管累積了數十年的研究，我們還是無法分辨記憶的真實或虛構，除非透過其他事情來印證或否定。但往往不可能，或是不值得這麼做；試想，誰會介意究竟是上週三還是上週四吃粥呢？

不只如此，倫敦大學心理學家馬克·豪（Mark Howe）說，「虛構記憶產生的方式與真實記憶相同，都是由原始

▲ 如果眾人的記憶可信，那麼曼德拉早在 1980 年間，就在監牢裡過世了。

▶ 這是漂浮的殘骸，還是那有名卻難以捉摸的生物？你預期所見的事物，其清晰的概念會在你回憶時，形塑出你自認為見到的畫面。

經驗留下的心理印痕，加以建構而成。」這也就不意外我們傾向用美化過的假證據，植入虛構記憶了。2009 年，奈許與同事要求受試者做某些動作，並拍攝影片。幾天過後，他們把影片放給受試者看，不過影片已用數位軟體編輯，添加了一些受試者沒做過的動作。然而，有超過半數受試者宣稱，他們很清楚且鮮明地記得自己做過這些事實上沒做過的動作。

早在 2000 年初期，由英國亞伯丁大學教授費歐娜·加伯特（Fiona Gabbert）與同事執行的實驗中，將受試者兩兩組隊，讓他們觀賞年輕女性偷錢包的影片。不過只有其中一位受試者的影片視角，可以得知整起偷竊事件。但當兩位受試者一同討論影片中的事件時，沒有直接看到偷竊事件的受試者中，約 60％宣稱他們也看見了。

加伯特另外請一些人看

一段記錄商店搶劫案的假監視影片，並讓他們討論看到的內容。他在受試者中安排暗樁，導入虛構概念：強盜拿了一把槍，對吧？他穿的是皮衣，沒錯吧？事實上這兩個都是錯誤訊息。爾後，大約四分之三的受試者在被問到相關細節時，會充滿信心地複述這些虛構的內容。這種容易受他人影響的特質，心理學家稱之為記憶的從眾效應，對於犯罪或意外事件的目擊證詞是一大問題。

加伯特表示，「記憶從眾效應的結果，對於判決的影響匪淺，而且是相當嚴肅的議題。」事實上，記憶從眾效應已經變成犯罪事件中的司法戰場。

這種具感染力的影響，也可能造成集體妄想，其中一例是許多人認為前南非總統曼德拉在 1980 年間死於牢獄，甚至對他的喪禮記憶猶新；直到他 2013 年過世後，這種妄想才撥雲見日，如今這個現象被稱為曼德拉效應。另一個比較輕鬆的例子，是英國知名洋芋片的包裝，許多人深信不移鹽醋口味與洋蔥起司口味的包裝分別是綠色與藍色，然而事實恰好相反。

加伯特指出，這種群眾效應也能解釋尼斯湖水怪現象。「大家都明確知道水怪應該長什麼模樣，所以當他們看見某些東西時，便會用許多既有影像來詮釋那個東西。」

想像的特徵

記憶顯然是種演化上的適應特徵，它讓我們能鑑古知今，藉此準備未來。這麼說來，虛構記憶豈不是件壞事？如果我們記錯了，對未來的預測也就不準確了。不過答案並沒有這麼簡單。有些認知科學家認為，認知讓我們為可想像的未來情境做好準備，即「如果我們這麼做，就會發生那樣的事」。這個程序仰賴蒐集並保存相關資訊，記錄環境如何對我們的行為反應。基於這樣的概念，有時候某種可行的猜想，總比完全沒有頭緒有用；這種猜想呈現在心理上，也就是對過去事件的虛構記憶。從這種角度來看，提供另一種情境刺激心智，可使它解決問題的技能更為純熟。畢竟這些虛構記憶在特定情況下確實可能發生，只不過它對我們過去想像中的角色不正確而已。

過去幾年間，豪與同事嘗試闡述虛構記憶的好處，他們給受試者一組單字，例如刷子、口香糖、軟膏，這些單字都和一個未知概念有關（就這題來說，答案是牙齒）。如果某個關鍵概念被受試者誤以為寫在字串中，而被誤記的單字恰好是該題答案時，受試者的答題表現就會比較好。彷彿心裡有個聲音對自己說，「啊！我知道答案，因為它就出現在字串中。」豪與同事

虛構記憶的黑暗面

關於虛構記憶的本質，以及它對於犯罪事件的意義，心理學界的辯論方興未艾。虛構記憶能否憑空捏造？還是必須以現實為基礎？如果虛構的記憶能無中生有，那麼被告、原告與證人的證詞又有何意義？

以 1990 年代的事件為例，曾有接受心理治療的病患，被植入幼年時遭受性虐待的虛構記憶，引起大眾一陣恐慌——治療師挖掘被遺忘的孩提時代創傷時，是否有可能種下虛構記憶，成為往後人生的隱憂？

心理學家馬克・豪指出，「雖然有些人的確對於孩提時代的受虐經驗，有頗為精確的記憶；也確實有些情況下，透過提示性的訪談或療法，可能創造實際上不存在的記憶。」2015 年兩位心理學家發現，訪談中透過重複性與提示性的問題，能使 70％ 受試者錯以為自己在青少年時曾犯罪，而導致警方約談。他們所敘述的記憶，細節相當豐富，儘管理論上並非事實。

不過，倫敦學院大學臨床心理學家克里斯・布魯林（Chris Brewin）對於名譽良好的治療師是否會在工作時，意外種下虛構記憶的種子，抱持懷疑。他指出，記憶並非如此容易無中生有。「如果不具備某些連結，我們或許不會產生這樣的虛構記憶。」布魯林認為，人們或許會記錯這些回憶中的細節，但其中

通常有些許真相。問題在於，那些真相究竟是真實發生的事件，抑或是來自書本、電視節目、電影，乃至於耳聞而來。虛構記憶的這個面向仍受高度爭議，然而布魯林指出，臨床專家認為確實存在能正確回想起的記憶，「這些記憶或真、或偽、或真偽錯雜。」他與伯妮絲・安德魯斯教授（Bernice Andrews）論道，「毫無辯證就接受虛構記憶，或是駁斥正確回想起的記憶，都可能造成巨大傷害。」

還發現，這個錯記的單字，對於類推詞組（例如：牙齒之於刷，頭髮之於洗）的答題表現也有所提升，且這種效應無論是對孩童或是長者，各年齡層都有效。

不精準才好

虛構記憶能幫助我們洞見關聯性與連結，並提高警覺性。有時候，因為錯誤的原因而得到正確的結果，倒也無傷大雅；例如誤信字串中有關鍵概念，而答對題目。換句話說，最有用的記憶，說不定不是最精準的。

記憶上的錯覺，除了能協助認知事實外，或許還有其他作用。舉例來說，它可能具有社交適應的功能。豪認為，我們有時修改記憶而不自覺，把記憶改成符合他人感覺或思考的方式，能讓我們與他人的連結更緊密。豪解釋，「扭曲過去的事實，可以增進對他人的同理心與親密度，進而滋潤社交關係。」比方說奈許的爸爸記得自己曾與父親（也就是奈許的爺爺）相處過，但事實上，他的父親早在奈許出生前就過世了。

換句話說，用一廂情願的美好角度來體察世界，並不全然是件壞事。豪認為，「如果能更正向地看待過去發生的事，可讓我們對自我的感覺更好，與他人的互動以及維持社交關係也更

為滑順。」這種錯覺能增進自信，使其發揮正向效果。試想，如果你記得上次不費吹灰之力就解決了問題，那麼這次就有機會表現得一樣好；儘管實際上，你上次可能使盡了洪荒之力。對於腦來說，促進自信心的虛構記憶，或許值得冒險一試。

創意無限

虛構記憶也有正向價值，這樣的觀念逐漸抬頭。如同奈許想像曾與麥克唐納會面的經驗一般，虛構記憶具有高度創造性。奈許甚至認為，這可能是人類創意的展現。「我十分確信大多數藝術或是音樂，包含了許多借用或重組自其他來源的概念或是母題。」奈許表示，「所以我們可以將記憶與創意的構築加以類比。」

麥克伊旺曾試圖針對他想像出來的中篇小說，尋找創意的回應。他告訴《時代》雜誌，「那部小說不管從哪個角度來看，都完美無缺。」並補上一句，如果想重現這種完美，「我只能動筆寫下來。」

只不過，想把虛構的記憶召喚到現實，恐怕不如說得簡單。他感傷地說，「那部不存在的傑作靈感，隨著多次在公開場合的談論以及相關報導，早已了無影蹤。」（劉書維譯）

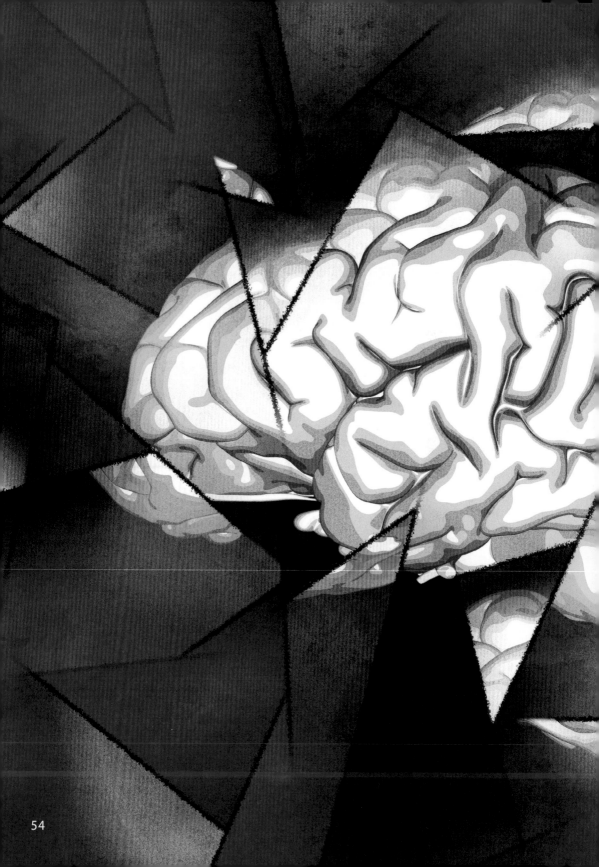

情緒從何而來？

過去的理論認為，各種情緒都有獨特的「指紋」，這些情緒指紋會透過演化，代代相傳。然而最新腦部造影研究透露，典型觀點與科學家觀察到的情況並不相符⋯⋯憤怒、焦慮、飢餓或者生病的感覺，並不像我們以為的截然分明，那麼情緒究竟是何物？

作者／麗莎・費爾德曼・巴瑞特（Lisa Feldman Barrett）
心理學家、神經科學家，著有《情緒產生的原理：人腦的祕密故事》
（*How Emotions are Made:The Secret Life of the Brain*）。
推特帳號 @LFeldmanBarrett。

情緒是如何運作的？這個問題聽起來或許有些奇怪，因為我們每天都會經歷各種情緒，比方說見到老友不亦樂乎、看到悲劇而心有戚戚，或害怕心愛的人離我們而去等等。情緒似乎是自然而然的：當你感到緊張時，心跳加速、神經抽動、臉部表情僵硬，彷彿一切不由自主地隨情緒牽動。然而從科學的角度來看，情緒究竟是什麼？

幾百年來，著名思想家如柏拉圖、亞里斯多德、達爾文與佛洛伊德，以及不計其數的科學家，都試圖用直觀的語言解釋情緒為何物。理論上，情緒給人一種自然且無法控制的感覺，似乎是與生俱來的。近年來神經科學領域崛起，越來越多關於人腦如何創造心智的探究，也造就了密集的情緒本質研究與嶄新討論。十幾年前，科學家僅能粗略猜想人腦如何創造情緒

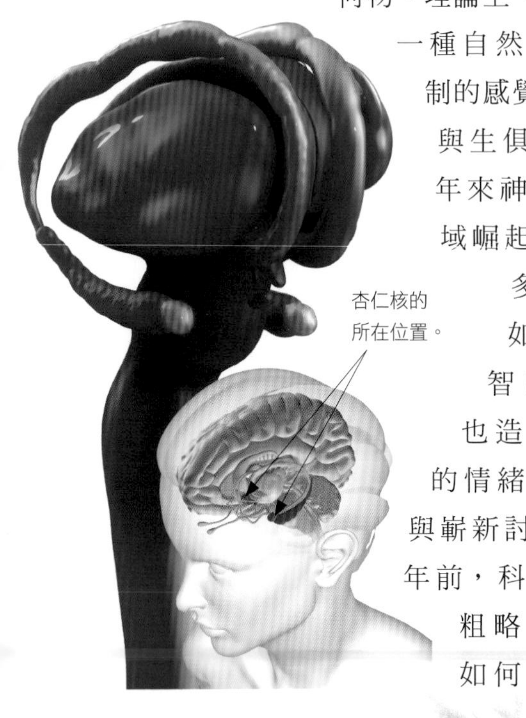

▼ 杏仁核與思考、記憶、同理心及情緒有關。圖中與海馬迴相連的橘色結構即是杏仁核。

杏仁核的所在位置。

經驗，如今我們能透過腦部造影，一窺活體人腦中每分每秒的神經活動，而不造成傷害。不過說到科學家在腦中所看到的「情緒」，似乎不同於一般直觀的理解。

假如你走進森林看見一隻熊，會立刻感到恐懼，這時你的身體會發生什麼事？傳統解釋是，當你看到熊時，某個專屬腦區如「恐懼迴路」會馬上展開行動，它會驅動你的身體以某種預定模式做出反應；於是你的心跳加速、血壓飆升，臉上露出據說各民族共通的驚恐神情。這種經典的情緒觀點，包括啟動恐懼迴路、生理變化與臉部表情等等生理活動，理論上可形成一種獨特且可被偵測的「情緒指紋」，不同情緒有不同的指紋，而各種情緒指紋就這麼透過演化，代代相傳。

重寫觀點

雖然經典觀點不僅直觀也很有說服力，卻可能不正確。一百多年來，科學家持續尋找臉部、身體以及腦部的情緒指紋，卻都以失敗收場；至今

你或許偶爾仍會看到新消息，說科學家找到幸福、悲傷、憤怒、恐懼或其他情緒在人或動物身上的情緒指紋，但每當其他研究人員重新檢驗，這些理論往往站不住腳。舉例來說，多年來科學家一直相信，恐懼迴路是稱為杏仁核的腦區。如果以杏仁核為關鍵字上網搜尋，可以找到數千篇文章支持這個說法；不過它並不正確。如今，我們已確知某些沒有杏仁核的人，還是可以感受恐懼。不只如此，杏仁核也參與其他數十種心智功能，包括思考、記憶、同理心等等；說它是恐懼迴路明顯不妥。其他宣稱腦部某區為某種情緒核心的說法，也多以類似狀況收場。

典型情緒觀點的主要問題在於，情緒的展現方式過於多元，難以套用某些情緒指紋加以辨識。當你害怕時，眼睛一定會睜大嗎？一定要倒抽一口氣嗎？實際情況當然不是這樣，我們恐懼時還會尖叫、哭泣、大笑、閉起眼睛、緊握拳頭、擺動手臂、感到挫敗、昏倒，甚至是被嚇到無法動彈。根據最近一項整合許多研究的

▲ 辛巴族不將笑視為一種情緒，他們覺得在笑的人就是在笑而已。

統計資料，只有12％的人在開心時會微笑、28％的人生氣時會面露怒容。另一項關於嬰兒的研究顯示，我們幾乎無法分辨嬰兒恐懼或憤怒的臉部運動。任何情緒對應至身體的時候，都不會只顯現單一指紋，千變萬化才是唯一法則。

不僅如此，不同文化的情緒意義也不相同。舉例來說，德語中有三種表示憤怒的單字，且分別有獨特的內涵，俄語則有兩種，而漢語有五種。其他文化還有些無法直譯的情緒，例如密克羅尼西亞的伊法利克人使用「fago」表示愛情、同理心、憐憫、悲傷與惻隱之心等情緒，端賴前後文決定。更有趣的是，有些文化對於西方人視為情緒的事件，並不一致。當你看到有人在笑，你可能會認為他很開心或被逗得很樂，而納米比亞的辛巴人沒有關於笑的情緒詞條，會覺得他們只是在笑。放眼全世界，情緒的範疇廣袤無垠，無法完全用典型觀點解釋。

情緒面向

情緒究竟如何產生？這個答案往往顯得表淺——因為我們的腦就像魔術師，可以不著痕跡地創造許多不可思議的經驗，包括喜悅、忌妒、好奇、憤怒等等多采多姿的情緒。多虧近來先進的腦部造影技術，科學家能觀察腦部在思考、感覺與覺察環境時的情形，使我們越來越了解腦部產生情緒的神祕過程。

人腦的首要工作是維持生命，為了達到這個目的，它投注多數時間在預測接下來會發生什麼事，這樣我們的身體才可以為行動的連貫性做好準備。研究顯示，人腦花費六至八成的能量在預測；腦部時時刻刻都在根據過往經驗，產生數以千計的預測，而那些勝出的預測，往往能符應即將發生的情境。例如行走時，每當你舉起腳、準備踏出下一步，你的腦部便會預期腳該如何觸地；這時如果大腦出了差錯，你可能會跌倒。如果你曾在機場使用旅客輸送帶，在離開輸送帶時可能會一陣踉蹌，或是感覺最後一步怪怪的，這就是預測出錯的感覺。大腦也會預測周圍的人。研究顯示，當你遇見陌生人，如果他們的臉部運動例如微笑或是面露不悅的表情，符合你腦中的猜測時，你會比較喜歡並信賴他們。最特別的是，你甚至會更快辨識出他們的臉。

腦除了對周遭環境預測，也會為了存活及維持健康，對我們的身體做預測，例如心跳何時該加速、何時該減慢，血壓何時該升高或者降低，何時該深呼吸；又或者，何時需要更多鹽分、糖分、飲水或荷爾蒙，以便在這

些需求真正發生前做好準備。這就好像在做身體的預算表，不過帳面上的數字不是金錢，而是各項生物性指標。

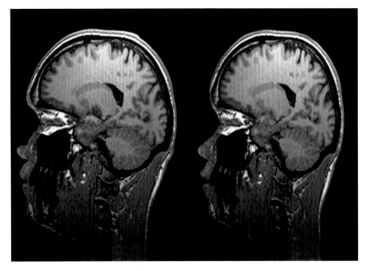

人腦一生都在執行這種編列預算的功夫，只不過我們多半渾然不覺，然而這過程會產生一種我們熟知的產物，也就是情緒──換句話說，我們體內的生理活動，透過某種無人知曉的神祕過程，轉變成心理層次的活動。不論是平常感覺愉快、不悅或者鬱鬱寡歡，還是感到平靜或激動，你的心情就像衡量身體健康的一把尺，日日在背景作業而不易察覺。

同理，我們也幾乎意識不到情緒的產生。讓我們再想一次森林遇見熊的例子：當你走在森林裡，你的腦會根據過往經驗，瞬間閃過幾千種預測。它會預測每一步腳下響起的樹葉沙沙聲、舉目望見叢中的綠景，也評估跟上腳步所需的心跳速率與呼吸節奏，甚至預期在這樣的環境中，可能會出現哪些動物，而熊便是其一。我

們的腦會調整好生理條件以隨機應變：它會傳訊告訴心臟跳快一點，並叫肺部主導的呼吸深沉一點等等；同時準備好隨時拔腿就跑。奔跑的同時，大腦會預測我們該做何感想，於是產生了焦慮的心情。這整套預測模式，來自我們過往對恐懼的經驗，也就是說如果下一秒真的有熊出現，你早已準備好逃跑，並同時感到恐懼。這就是為何在這樣的環境下，恐

▲ 腦部掃描可顯示活動較旺盛的腦區，增加科學家對情緒的了解。圖中受試者（男左女右）感到忌妒，他們的下視丘顯示為紅色。

◀ 人腦根據過往經驗預測，但也有可能犯錯，例如我們離開輸送帶時會一陣踉蹌；而這種錯誤，也可能會反應在情緒上。

懼的情緒幾乎像是反射一般。事實上在意識覺察之前，我們的腦就已經解釋了身體的感覺，並展開行動了。

不只是感覺

不過話說回來，如果熊並未如預期中出現呢？這種預期錯誤會讓我們沒來由地感到躁動。如果你曾在夜裡走進森林，突然沒來由地感到惶恐，這就是預期錯誤的感覺。另一種奇妙的反應，就是明明沒有熊，但你覺得自己在某個瞬間看到熊；例如你看到一個人、覺得自己認識他，想一下

後才發現他是陌生人。這是因為你的腦根據過往經驗，預期這是認識的人，而你在那瞬間便覺得自己看到舊識了。

簡單來說，情緒是腦根據情境並針對身體感覺代表的意義，所產生的最佳猜想。當你在馬路上被別的駕駛截路時感到滿臉發燙，你可能將這樣的情況解讀為怒火；當這樣的火熱雙頰發生在初吻時，你應該會將它解讀為興奮；或者當你走進海裡，發現泳衣棄你而去，這時候臉紅的感覺大概就是羞報了。人腦會端看當時的情境，將一模一樣的感覺解

讀成不同的意義，這便是情緒產生的方式；換句話說，情緒並非生而有之，而是在身體感覺產生的瞬間所確立。

某種程度上來說，情緒仰賴三種要素、在無意識下建立的：身體預算表、身處的情境以及根據過往經驗的預測。如果我們能調整任一要素，便能取回部分情緒掌控權。這件事雖然並不容易，卻有可能發生。

最直接的方法是改變身體的預算表（但仍不簡單）：若你健康飲食、睡眠充足、規律運動，你的腦便不需要花太大的力氣來平衡收支；這表示你的情緒比較不負面，腦也比較沒有機會製造不悅的情緒。你當然可以透過各種方式改變第二項要素，也就是當下的情境；比方說離開房間，動身到另一地點，改變周遭環境；如果真的無法離開，也可以轉移目光，關注不同事物，間接改變環境感受，這即是透過專注而達到正念的方法。

第三種要素最難影響，也就是改變根據過往經驗的預測，因為我們無法改變過去。不過如果你當下採取行動，就可以改變腦對未來的預測。舉例來說，我的家族有種概念叫「情緒流感」。你是否曾經感到絕望，覺得自己很糟糕、受眾人唾棄，彷彿世界末日即將來臨，但其實生活根本沒什麼問題？這就是犯了情緒流感，原因

是身體的平衡被打亂導致生理不適，腦中便充斥各種針對自我的負面解釋。此時我們可以採取類似對付一般流感的策略，來應付這種感覺。流感病毒並非針對個人，只是在我們的肺裡落腳；同理，我們可以盡量將這些不順遂看作生理問題，透過小睡、散步、運動、擁抱等等方法來治療這些症狀，將針對個人的情境，轉化為生理情境。這麼做可改變大腦對未來的預期，比較容易創造出非針對個人、非批判性的「情緒流感」。剛開始這麼做時，會遇到一些挑戰，之後就熟能生巧了。我們將這樣的想法跟友人分享，他們也都成功了。

當然這不是指光靠扭轉幾個預測，就可以治癒嚴重疾患，例如焦慮症或憂鬱症，但卻是種有效改變生活的方法。儘管如此，這種思考情緒的方式為我們了解心理疾病帶來啟發。數百年來我們在心理與生理疾病間劃了道清晰的界線：癌症、心臟病、糖尿病是生理出問題，憂鬱症與焦慮症等則是心理毛病。但我們現在知道，腦無時無刻都在調控身體的收支平衡，當帳面上出現赤字，你就會感覺不舒服；這點暗示了傳統上視為生理領域的代謝問題，事實上是憂鬱症與焦慮症等與心情相關心理疾病之核心，而這也解釋了為什麼糖尿病與心臟病等生理

情緒字典

傳統上我們總認為「快樂」與「悲傷」落在線的兩端，然而世界上關於描述情緒的詞彙眾多，本文作者的實驗室蒐集各種無法直譯的詞彙，建立了情緒字典（bit.ly/emotion_dictionary），以下是我們精選 10 則有趣的詞條：

Lekker
德語；形容詞；讀音：leh-ker

食物好吃；放鬆、舒服；愉悅；性感。

Gesellig
德語；形容詞；讀音：khe-zell-ikh

舒適、溫馨、親暱、趣味；通常是與親密的人共享的經驗。

Fernweh
德語；名詞；讀音：fiern-vay

遙遠的悲痛、遠處的呼喚、莫名的鄉愁。

Njuta
瑞典語；動詞；讀音：nyoo-ta

深刻地享受、深切地感激。

Daggfrisk
瑞典語；名詞或形容詞；
讀音：daag-frisk

直譯為「新鮮的露水」；在太陽初升時起床，可能會有種純淨、清潔、煥新的感覺。

悲喜交集　中文；名詞
悲傷與喜悅交錯的感受。

森林浴　日語；名詞
讀音：sheen-ree-n yoh-koo

享受森林中的氛圍；中文也有森林浴的說法。

あげおとり　日語；名詞
讀音：aa-gey-oh-toh-ree

（古語）剪完頭髮看起來很糟；出自成年禮理髮後，看起來比原本還難看的典故。

Jayus
印尼語；名詞；讀音：gah-yoose

笑話內容很冷或講得太差勁而令人發笑。

Mamihlapinatapai
亞格漢語（Yaghan）；名詞
讀音：ma-mey-la-pin-ought-ta-pay

雙方心中都有的念頭：兩個人都希望對方帶頭做一件彼此渴望的事，但是都不想先做。

◀ 實驗室中用來測試情緒知覺的典型圖像。

疾病患者，經常伴隨情緒上的症狀。其實生理與心理間的界線，比我們先前所認知的還要模糊，而這項認知是找出新的預防與治療途徑的一大關鍵。

嶄新思維

這種情緒新觀點暗示了人工智慧的發展重點，我們有可能發明閱讀人類情緒的機器嗎？Google、臉書與微軟等公司認為答案是肯定的，紛紛挹注大量研究經費，透過軟體分析，檢驗我們的臉部與身體表現，以偵測情緒。但是，情緒並不單靠臉部或是身體表現就能判讀，因為它沒有明顯可辨的指紋（千變萬化是唯一法則）。這表示上述研究本質上就弄錯方向，科技公司應該要涵蓋更多個體背景資料，並正視真實情緒世界的豐富多變。

更棘手的問題是，我們能做出感覺情緒的電腦嗎？新的情緒觀點提供耐人尋思的機會，如果說部分情緒構築於身體的預算表，那麼如果要機器感覺情緒，它必須要有像身體一般的構造；這個構造不一定要長得像人體，但必須是套複雜且能交互作用的系統，伴隨對能量的需求與恆定性。聰明的人工智慧程式設計師想必能找到解答，使我們離創造有感覺且具同理心的機器人邁進一步。
（劉書維譯）

▲ 我們的腦必須維持身體能量的收支平衡，才可以維繫健康。如果出了狀況，會影響我們的心情，產生負面情緒。因此盡量健康飲食、充足睡眠、規律運動，助你的腦一臂之力吧！

> ▶▶▶ **Find Out More**
> sciencefocus.com/sciencefocuspodcast
> 線上聆聽巴瑞特博士的專訪。

致命的寂寞？

全球受寂寞所苦的人數持續攀升，
它的害處比肥胖大、比抽菸嚴重⋯⋯
學者正在研究何以它禍害匪淺，
我們又該如何自保？

作者／摩亞‧薩爾內（Moya Sarner）
專欄作家兼編輯。

現代社會人際關係越來越疏遠，若要說哪種情緒是大家同情共感的，那便是寂寞了。除了學者、醫生、慈善工作者，不論何種立場的政治人物，多半同意寂寞是個大問題。2017 年 12 月，由英國喬考克斯委員會（Jo Cox Commission）所發表的報告，揭露英國令人咋舌的寂寞程度。慈善組織「Action for Children」調查發現，約有四分之一的家長認為自己「總是或經常感到寂寞」。75 歲以上的長者有超過三分之一，告訴老年慈善機構「Independent Age」，他

們無法自勝孤單。一年之間，4,000 多名孩童打電話給兒童生命線，只因他們難以忍受寂寞，其中最年幼者僅 6 歲。最近一篇研究指出，英國有 900 萬名成年人苦於慢性寂寞，如果他們集體搬到同一座城市，這座寂寞之城的市民將會比倫敦市民還要多。

上述消息不只令人難過，更是危險警報。研究顯示，慢性寂寞對身體的壞處，不亞於每天抽 15 根菸，更甚於肥胖。寂寞感受會提高由冠狀動脈引起的心臟病與中風風險，並會提升 26％英年早逝的機率。究竟情緒經驗

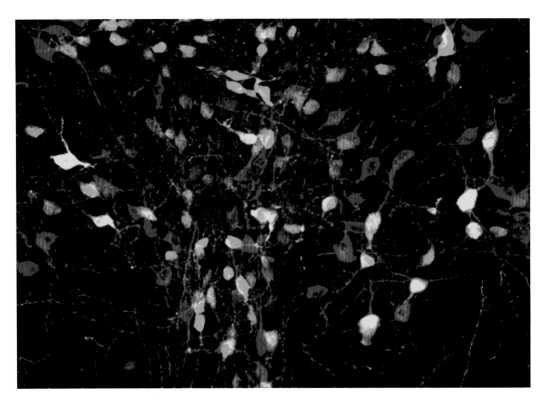

▲ 麻省理工學院的學者發現，寂寞感可以追溯至腦部的中縫背核（dorsal raphenucleus，如圖）。

▶ 英國政府於 2018 年 1 月，任命特拉西·克魯希（Tracey Crouch）為寂寞部長，以回應社會上越來越明顯的寂寞感與社交孤立。

何以對血肉之軀的負面影響如此巨大？美國加州大學洛杉磯分校醫學與基因體學專家史蒂夫·柯爾教授（Steve Cole）認為，部分原因在於它對免疫系統的影響。柯爾的研究顯示，經歷慢性寂寞的人，其免疫細胞的分子程序發生了變化：他們的身體不再受病毒誘發並加以抵抗，反而對損傷或外傷的細菌性感染較為敏感，並予以應對。這時候，身體會暫時切換成戰逃模式，關鍵差異在於，寂寞的人會停在這一

一生中最寂寞時刻

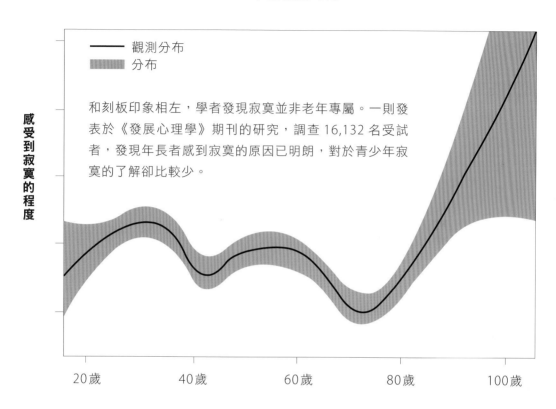

感受到寂寞的程度

觀測分布
分布

和刻板印象相左，學者發現寂寞並非老年專屬。一則發表於《發展心理學》期刊的研究，調查 16,132 名受試者，發現年長者感到寂寞的原因已明朗，對於青少年寂寞的了解卻比較少。

20歲　　40歲　　60歲　　80歲　　100歲

倫敦大學學院精神科醫師法哈娜·曼博士說，「從群體研究中發現，人在一生當中有兩個寂寞高峰：輕熟齡和老年。」在生命後半日子，寂寞的原因比較顯見，大多由於退休、喪親與行動不便等問題導致。青春期寂寞的原因卻相當不同。加州大學洛杉磯分校學者史蒂夫·柯爾教授認為，「年輕人常有慢性寂寞，尤其是受排擠的人。青少年的社交世界危機四伏，原因簡而言之在於這是個體生命軌跡中，對自我地位具高度意識的時期，也是感到最不受同儕重視的時期。受到生殖系統觸發的影響，人與人之間有難以言喻的競爭感，若無妥善照料，便會覺得自己無依無傍。」

英國諾丁漢特倫特大學資深心理學講師茱麗葉·韋克菲爾德（Juliet Wakefield）則認為，問題不在於年紀，而關乎生命階段，「在我們生命階段切換時期，經歷寂寞的風險特別高，也就是當我們邁入學齡、為人父母、屆齡退休或是落為鰥寡。跨越這些關卡時，我們往往會失去轉折前所屬群體的連結。」

步。長期下來，這會造成發炎反應上升，進而增加罹患癌症、心臟病、阿茲海默症或憂鬱症的風險。柯爾解釋，「說來奇妙，但寂寞確實是人類面臨最具威脅的一大處境。」

地雷很多的人

這種對於寂寞的反應，也會影響腦部，使我們的言行表現將自己推往更為孤立之處。當這些發炎的訊號到達腦部，大腦中包括社交動力等部分功能亦隨之改變，使我們變得更為自我防衛、易怒暴躁；這種狀態恰與派對的歡愉氛圍格格不入。某項探討孤獨者高度警戒心的研究中，學者在腦部掃描造影中有所發現：研究人員讓參試者看一些圖片，同時監控他們的腦部活動；圖片內容包括社會性威脅如霸凌，或是非社會威脅如鯊魚等等。結果寂寞的人對於社會性威脅圖片的反應，比其他形式的威脅還要快速；而這個差異幅度比不寂寞的人還高。這或許能解釋，為什麼有些人會深陷寂寞無法自拔；每當他們感覺受到孤立，他們便將社交互動解讀為一種需警戒的經驗，對於眾人面部表情與肢體語言潛在威脅的覺察與理解，也變得更加敏銳。這樣的心理狀態會讓人疑神疑鬼，更難形成人與人之間的連結，受到孤立的感覺也更為深刻。柯

為什麼有些人會陷於寂寞之境，有人卻能逃出這樣的桎梏？

社群網路 精神科醫師法哈娜·曼表示，「擁有社交網路，有助於練習社交技巧。有些人離群太久，久到忘記該如何與人互動，或是對自己社交能力喪失信心。」

心理健康 心理學講師茱麗葉·韋克菲爾德解釋，「憂鬱往往讓人更想從人群中抽身，導致難以參與社群團體、建立歸屬感。」

洞見 設法求援較容易戰勝寂寞。曼表示，「如果有人透露他很寂寞，我們就有機會和他聊聊，雖然我不見得知道怎樣做有效，但至少我們可以一起想辦法解決。」

資源缺乏 韋克菲爾德解釋，「貧窮可能使人難以逃脫寂寞的魔掌，因為他們能運用的資源比較匱乏。這也表示他們難以邁出接近社群團體的第一步。」

爾表示，「孤獨者的免疫系統回饋給腦部的方式，可能會加劇並且延續寂寞感，導致惡性循環。寂寞感使得生理失衡，生理狀態反過來召喚孤獨。」

科學家也發現，人類連在睡夢中都可能感到寂寞。最近一項由博士後研究員提摩西・馬修（Timothy Mathews）於倫敦國王學院，針對 2,000 名年輕成年人的研究發現，寂寞的人自述睡眠品質較差，而且日間較難專注，容易感到疲倦的比例高出他人 24%（已排除心理健康因素造成的差異）。而這個關聯程度大於青少年時期受到嚴重暴力所產生的影響高達 70%。馬修指出，「當你感到孤立無援時，整個世界彷彿變成更具威脅的環境，讓人難以安眠。會比那些現實生活中曾受暴力等實體威脅所害的人，更容易覺察環境中威脅。」這也幫助我們理解，為何寂寞者的免疫系統會抵抗傷口的細菌感染，而不會對病毒感染反應，因為他們預期受掠食者攻擊時，沒有他人援助。

這些發現與寂寞的演化理論相呼應。馬修解釋，「理論上

▲ 動物療法可以減輕寂寞、焦慮與悲傷的感覺。依偎在這隻可愛小羊的身邊，誰不會感到喜悅呢？

來說，人類是群居動物，我們的祖先必須團結，才能夠獲得勝利。所以我們先天厭惡被孤立的感受，可能具有演化上適應環境的作用。一如飢餓是身體告訴我們該吃東西的訊息，寂寞則是提醒我們該與人重新建立連結的警鈴。」寂寞就是我們對社會需求的飢餓感，提醒我們該照顧自身社會人格的警訊。

不過，說到究竟該如何執行，我們還有很長的路要走。

如何在大城市中建立熱絡的小村落？

顯然，第一步是舉辦能將眾人聚在一起的活動或團體，不過倫敦大學學院精神科醫師法哈娜·曼提醒大家常犯的錯誤並加以解釋，「如果你真心想要建立社群歸屬感，你需要先跳脫自己熟悉的環境，因為我們比較容易與氣味相投的人建立連結。而其中一個挑戰是，我們必須練習將邊緣人帶入團體。」所以如果你正打算在你居住的環境中，建立地方團體，以創造社群歸屬感，就必須思考該如何將群體的包容性，擴展到心理健康有狀況的人、少數且弱勢的人、經濟條件較拮据的人，乃至於思考如何幼有所養、老有所終。曼表示，「這可能意味著，必須與心理健康服務中心的人員討論，或聯絡既有社群團體，將關懷的觸手探向最需要的一群。」

▲ 英國紀錄片《老人與孩》（Old People's Home for 4 Year Olds）記錄一群小朋友與退休長者每天聚在一起，一連六星期享受各式各樣活動的情景。實驗目的是想探討這群長者的健康狀況與心理健康，是否會因為與小孩互動而改善。從他們聚在一起參加聖誕節的頌歌音樂會、一起打雪仗的情況來看，結果可謂大成功。

倫敦大學學院精神科醫師法哈娜·曼（Farhana Mann）認為關鍵在於態度，「生病時去找家庭醫生描述自己的病情時，我們都能侃侃而談，但是相當難以向醫生說自己很寂寞。我們必須讓大家知道，與家庭醫生或專業健康管理師討論這件事，是合情合理的，因為這確實是種健康問題。

重建社群

曼醫師希望在不久後，為孤獨者開立社交處方箋能越來越普及，並且引導他們接觸熟悉地方大小事的組織，藉此逐漸培養社交關係。除此之外，她更希望看到社區發展多元且蓬勃，居民可依自身既有技能，決定該參與哪些他們感興趣的活動。

曼認為，「尚未與社區居民詳談便匆忙建立社團，是沒有意義的。」舉例來說，刻意在大家都喜歡園藝和烹飪的區域，舉辦貝多芬交響曲演奏會，最後勢必徒勞無功。另一方面，如果他們本來就有為了其他目的建立的社團，例如糖尿病之友，更能有效對抗社交孤立。曼補充，「雖然名義上他們不是以對抗寂寞為號召，但效果可能一樣理想。因為一群擁有共同經驗的人所組成的社團，具有正面效應。」

我們對寂寞的理解尚嫌不足，尤其是它對心理健康的影響。曼說，「有確切的證據顯示，憂鬱症與寂寞極為相關。當人感到寂寞時，往往容易憂鬱；當你憂鬱時，寂寞感受也油然而生。」但這和其他心理健康問題不一樣，也是需要更多研究探討的部分。她對此表示，「少有證據顯示，患有思覺失調症、雙極疾患或是焦慮疾患的人容易感到寂寞。心理健康問題的本質相當微妙，可能會影響你經歷孤立的方式，也會反過來影響哪些方法對你比較有效。」

最近有項研究結果的發現與直觀相反：增加孤獨者使用社群網路，並不盡為恰當的介入方式。寂寞不等同於社交孤立，許多人儘管受人群簇擁，還是心有寂寥。「有些感到孤單的人，事實上是認知偏誤所造成。他們不滿足於自己的人際關係，或覺得這段關係不具意義，所以他們可能不覺得自己的夥伴是真正的朋友。」倫敦國王學院發展心理學教授露薏·阿蘇努（Louise Arseneault）這麼說，「我認為大家不應該關注自己的朋友數量，而應該專注於一至兩段特別的關係，使它帶來滿足感且富有意義：友誼的真諦便可於焉探見。」（劉書維譯）

>>> **Find Out More**
bit.ly/bbc_lonely　線上填寫問卷，測驗自己是否感到寂寞。

化壓力為助力？

時常感覺心跳加速？總是有做不完的事、不想上班？
如果你有這些跡象，表示你該思考，如何重新取回生活主控權了！

作者／賽門‧克朗普頓（Simon Crompton）
撰寫科學與健康議題的作家。推特帳號是 @Simoncrompton2。

每個世代的人都認為他們承受的壓力最大。早在 19 世紀醫生就提醒民眾,工作量、教育以及報紙上過載的資訊,會使人變得焦慮,並影響全民身心健康。為了消除所謂的「神經疲勞」,各種神經滋補劑、靜養療法、放鬆技巧還有瑜珈都曾風靡一時。時至今日,情況並沒有什麼不同。事實上,世界衛生組織(WHO)已經認定,壓力乃是「21 世紀的流行病」。

瑞典哥德堡一項女性族群長期研究顯示,1969 年 36％女性感到有壓力,到了 2005 年則增加了一倍,到達 75％。美國卡內基美隆大學分析民眾提供的自陳式資料後,也發現相似結果:過去 30 年來,壓力指數成長的幅度高達 30％。

人們的壓力為何越來越大?學者提出各種假設:我們要做的事情太多、面向太廣;對生產力的期望提高;24 小時待命的狀態,及資訊科技帶來的社會壓力等。

然而,近期研究指出,那些為壓力所苦的人都有個共通點:缺乏主控權。21 世紀越來越多人在鮮少自主權的情況下工作,且須快速取得成果。研究

發現，職場上這類壓力會使人的壽命減短。美國印地安那大學 2016 年的研究發現，相較於工作壓力較低的人士，那些從事低自主性、高壓力工作的人，其死亡率增加了 15%。

待在高壓環境下越久，感受到的壓力就越大。最近另一項研究顯示，精疲力竭的教師所指導的學生，其體內的壓力荷爾蒙（如皮質醇）濃度高於那些由平靜教師所指導的學生。看來壓力之於 21 世紀，真如傳染病之於 19 世紀。

活在焦慮時代的我們，身體會受到什麼影響呢？醫生將壓力定義為：人的身體對精神或情緒壓力的反應。這些反應是由兩個腎臟上方的三角形腎上腺所控制，當我們感受到威脅時，腎上腺就會分泌腎上腺素和皮質醇這兩種壓力荷爾蒙，關閉身體的長期修補機制，讓人們有更多能量採取立即行動，應付眼前危機。這便是所謂的「應急荷爾蒙」，會使心跳加速、血糖上升，以供應人體更多能量，同時使消化、免疫系統停滯，讓我們無法休息。這些效應對於短時間的危機處理很有幫助，讓我們的祖先能在被兇猛動物追趕時跑得更快。即便現在我們不必擔心被劍齒虎追趕，但壓力所帶來的短期效應依然管用。維也納大學最新研究顯示，人們在面臨壓力時

你天生容易感受壓力嗎？

每個人都有壓力，但有些人特別容易受到壓力影響。科學家發現，有些基因似乎會影響我們應付壓力的能力，但這不僅是遺傳問題。越來越多研究證實，童年時期的壓力會影響基因的表現方式，而這些表觀遺傳學上的變化似乎與憂鬱症等疾病有關。動物實驗顯示，幼年時期的壓力會使得人們在成年後面對壓力時更容易產生情緒問題。童年時期的壓力似乎會引發一些生物化學變化，改變基因的表現方式，而這些表觀遺傳學上的變化很可能會傳給下一代。因此，你的父母或祖父母在童年所經歷的壓力，或許可以說明你是否很容易被壓力打敗。

更有可能幫助他人。研究人員掃描面臨限時工作壓力的受試者大腦，同時請他們對一些涉及他人幸福與痛苦的照片做出回應，結果發現人們在面臨壓力時，腦內掌管同理心的神經網絡會更加活躍。此外有些實驗顯示，短期壓力可能會使我們暫時變得比較樂觀，因為面臨壓力時會比較注意正向訊息而忽略負面資訊。

對抗壓力

　　然而，現代壓力源（包括喧鬧的鄰居和考試壓力等）往往是持續且非短期。過去 20 多年的研究，提供越來越多證據，顯示這類長期壓力對健康的危害。

　　斯塔福·萊特曼教授（Stafford Lightman）是在英國布里斯托大學研究與壓力有關的疾病的專家，他表示如果壓力荷爾蒙（如皮質醇）持續升高24 小時，引發的反應便會對身體造成傷害，「皮質醇是種預期性激素，通常在你醒來時濃度最高，但它如果持續分泌，身體就無法自我修復。」

　　慢性壓力會使人血壓升高、心臟病發作、學習能力下降，並出現憂鬱、磨牙、肥胖、掉髮、長粉刺、生育力下降等現象，也會使人更容易感染疾病與某些癌症。

　　萊特曼指出，「慢性壓力造成傷害的機制因身體部位而異。」舉例來說，

腦部長期接觸皮質醇，會減少海馬迴（大腦中負責處理記憶的部位）細胞之間的連結。身體其他部位則可能會因為暴露於因壓力而分泌的其他物質（如腎上腺素、發炎性細胞激素和糖皮質素），受到損害。持續性壓力似乎會影響人體調節發炎反應的能力，特別是動脈，而傷害身體組織並導致免疫系統停擺。近年有項為期四年的研究，監測了 293人的健康狀況及大腦活動，結果發表在《刺胳針》醫學期刊。研究人員首次證明，杏仁核（會本能地發出信號，示意大腦分泌壓力荷爾蒙的腦內部位）較活躍的人更可能罹患心臟病、心絞痛、心衰竭、中風和動脈疾病。

來，深呼吸……

正因人們意識到壓力帶來的風險，越來越多人試圖解除自己在生活中面臨的壓力。冥想訓練成了一門方興未艾的行業，近期在美國的市值超過 10 億美元，就連教人如何冥想的手機應用程式「Headspace」，業績都相當於 9.9 億台幣。許多學校和公司現在會定期讓學生或員工接受訓練，學習如何管理時間、設定事情的執行順序及正念和瑜伽。

這些壓力管理技巧是否真的有用？英國斯塔福德郡大學的馬克．瓊斯教授（Mark Jones）專研壓力與情緒，他表示某些技巧可以幫助你正向處理當下的壓力，有些則能協助你在高壓過後放鬆，以免演變成慢性壓力。「適用方法因人而異。」他說，「我們發現有些人把壓力（比方說考試或上台演講）視為挑戰，而非威脅。他們置身壓力情境時，心輸出量會增加、血管會擴張；倘若把壓力視為威脅，那麼在面對壓力時，心輸出量幾乎不會改變，血管也會收縮。前者在面對壓力時的表現遠勝過後者。前者的反應是：這件事雖然很困難，但我還是會

接種壓力疫苗？

科學家長期觀察到由壓力引起的身心問題，與免疫系統有密切關連，也展開了新研究，探討是否可用疫苗協助免疫系統，使我們更能適應壓力。美國哥倫比亞大學的神經學家嘗試將長期受到壓力的小鼠免疫細胞，轉移到沒有受到壓力的小鼠身上，結果發現後者較少表現抑鬱症狀，且更能對抗壓力。另外，美國科羅拉多大學的神經學家也曾為小鼠注射數種已知能夠降低焦慮的細菌，藉以調節牠們的免疫系統。當研究人員把這些老鼠放進關有攻擊性動物的籠子裡時，它們受到的驚嚇程度比未注射的小鼠更低，後來也未出現一般小鼠因壓力所造成的腸道問題。這

是否意味著人類有可能製造抗壓疫苗？首席研究員克里斯托弗．洛瑞（Christopher Lowry）宣布，他已展開人體試驗，正朝著此方向前進。他相信最終可以將細菌製成藥丸、吸入劑或注射劑，幫助人們緩解壓力對身體和行為的負面影響。洛瑞說，可能得到創傷後壓力症候群的士兵，絕對是接種細菌壓力疫苗的首選。那誰會是第二順位候選人呢？或許是有考試壓力的青少年吧。

去做。後者的反應則是：我沒把握，想要逃避。我們發現，從人們面對壓力時的生理反應，就可以準確預測他們在壓力情境下的表現。」

瓊斯教授表示，我們可以學習一些心理技巧，讓自己在面對壓力時，感受到的是「挑戰」而非「威脅」。他說，「把注意力放在自己能夠完成什麼，而非事情可能會出什麼差錯。」

那麼，最好的抗壓方法是什麼？以下教你十種科學方法處理生活中可能面對壓力的狀況，讓腦袋得以暫時解脫！

壓力迷思是非題

壓力讓你長出白頭髮？　這有可能是真的。畢竟，我們曾見到一些國家領袖，上任後幾週內頭髮就白了。關於這方面的研究還沒有很多，但 2013 年《自然》期刊的一篇論文確實發現，因壓力而產生的荷爾蒙，能讓決定頭髮顏色的黑色素幹細胞離開毛囊。

壓力使人胃潰瘍？　不會。胃潰瘍一般來說是因幽門螺旋桿菌感染所引起，並非由壓力造成。然而，壓力和生活方式（如飲酒和吃辛辣食物），可能會使潰瘍惡化。

壓力使人皺紋變多？　可能是真的。在我們的染色體末端有個像帽子的東西保護 DNA，稱為「端粒」。隨著年齡增長，端粒會逐漸縮短。研究顯示，壓力可能會使端粒提早縮短，加速身體老化。另一項研究顯示，因恐懼症而長期處於焦慮狀態的人，他們的端粒會縮短；顯示壓力可能會使人加速衰老。

小酌可以紓壓？　錯了。證據顯示，處於高壓狀態的人往往會喝更多酒。酒精在短期內確實可以幫助放鬆，讓你不去想那些麻煩事。但經常以喝酒擺脫壓力，會造成反效果，使你的身體對酒精免疫，並讓體內壓力荷爾蒙濃度上升。

如何對抗壓力

**需要放鬆一下嗎?以下這些經過科學驗證的方法,
能幫助你保護身體和大腦,免於日常生活壓力的傷害。**

1 奪回主控權

「應付壓力情境有個非常重要的方法,就是認為自己能夠控制接下來會發生的事。」專門研究壓力與情緒的瓊斯教授表示,「人們在求職面試前,心裡總想:待會兒不知道會被問什麼、不知道自己該說什麼。但你應該想:我能掌控什麼?把注意力放在自己能掌握,且十分簡單的事情上,例如該如何走進房間、如何展現信心等等,這麼做能讓我們擁有更多資源因應壓力。」

研究顯示,調整心態確實可以讓人們在壓力之下的表現更好。瓊斯的研究團隊發現,向參與攀岩任務的受試者描述任務內容的方式,會大幅影響他們面對挑戰的心態,如果他們明確知道自己能夠掌握情況,表現就會好得多。

2 計算風險

當我們有壓力時，還有一些技巧可以改善我們的心態。美國匹茲堡大學的精神病學副教授弗蘭克·吉納西（Frank Ghinassi）提供了一些日常小訣竅，例如計算事情實際出錯的機率，而不要一直往最糟糕的方向想。如果最壞的情況發生的機率只有十分之一，那你又何必那麼在意呢？

3 調整飲食

面對壓力時，吃點水果和堅果可能會減輕壓力以及它對身體的影響。近年實驗顯示，藍莓有助於抵抗創傷後壓力症候群（PTSD）對動物的影響。此外，根據美國研究人員的說法，核桃似乎可使身體比較能夠適應壓力；他們發現在飲食中添加核桃或核桃油，可以降低人們面臨壓力時的血壓。

4 森林漫步

生活在自然環境中的人，體內的皮質醇濃度往往較低，也較少顯現慢性壓力的跡象。即使你住在城市，只要到鄉下走走，就能減輕壓力。研究森林浴的日本學者發現，人們置身林地時，皮質醇、脈搏和血壓都會下降。瓊斯指出，「許多研究發現，親近大自然確實是消除壓力的好方法。」

5 養一隻狗

養狗會使人比較願意出門走動，狗兒的陪伴也可以消除壓力，對兒童來說更是如此。研究發現，7至12歲的孩童身邊如果有狗陪伴，他們在做算術題目和當眾演講時，感受到的壓力少許多——即便家長陪伴也難以達到相同效果。另一項研究顯示，養寵物可以降低血壓。

6 打電動

那些將所有疾病歸咎於3C產品的人絕對想不到：證據顯示，玩電動遊戲有助減輕壓力。美國中央佛羅里達大學的認知心理學家證明，勞累的工作者在短暫的休息期間，玩簡單的電動遊戲，會比安靜坐著或參加有人引導的放鬆活動更能減輕壓力。其他研究也顯示，經常以電腦遊戲作為消遣的軍中老兵，其服役期間往往更長，且更能應付身心壓力。

7 喝杯茶

英國人面對危機的典型反應是：要不要來杯茶？有證據顯示，茶除了能提振心情外，還有別的功能。倫敦大學學院研究發現，喝紅茶的人在緊張的工作後更能快速放鬆下來，而且他們的皮質醇會更快恢復正常水平。目前仍然不清楚茶中哪種成分會造成這種現象，但一項來自葡萄牙的研究顯示，茶中少量的咖啡因可以減輕小鼠焦慮症狀。

8 跨上鐵馬

這聽起來很老套，卻是真的：運動可以減輕壓力。加拿大研究人員近年發表論文指出，在開始工作的45分鐘內，騎自行車上班的人表現的壓力程度，遠比那些開車或搭乘公共交通工具上班的人更低。還有研究顯示，你在清晨感受到的壓力程度，會影響你一天的壓力水平。根據美國梅奧診所的研究，運動能提高人們體內的腦內啡濃度，並強迫大腦將注意力放在身體的動作上，從而達到減輕壓力的效果。

9 與人往來

研究發現，人在孤獨時會感受到更大的壓力。與他人（尤其是你所愛的人）往來，能夠緩解壓力，並跳脫個人觀點。多項研究顯示，已婚人士比單身、離婚或喪偶的人更健康，這是因為已婚人士壓力較低的緣故。美國卡內基美隆大學2017年發表的研究也發現，已婚夫婦的皮質醇（壓力荷爾蒙）濃度較低。已知社交孤立狀態與血壓、皮質醇濃度的升高有密切的關連，因此只要你和別人往來（任何形式），都有助於減輕壓力。

10 益菌素

富含益菌素的食物包括菊芋、菊苣、大蒜、韭菜、洋蔥、蘆筍、香蕉和全麥食物，能促進腸道內好菌生長。最新動物研究顯示，服用益菌素會延長快速動眼期，據信這樣對於紓解壓力和療癒因壓力而生的疾病不可或缺。其他研究也顯示，注重飲食和腸道健康有助緩解壓力。一篇發表於《英國醫學雜誌Open》的報告，調查了六萬名澳洲人，發現每天吃五到七份水果和蔬菜的人，產生壓力的風險比那些吃不到四份的人低14%。（蕭寶森譯）

腦部迴路與強迫症
有何關聯？

究竟哪些因素會導致強迫症？美國密西根大學的路克·諾曼博士（Luke Norman）綜合多項試驗的資料，試著找出與強迫症相關的腦中網路。

何謂強迫症？

強迫症有兩個主要症狀：一是害怕自己或親友受到傷害，並以此為中心產生執念；二是為了緩解焦慮的強迫行為。強迫行為可能與患者在意的事物有關，例如某些害怕染病的人可能會不停洗手。強迫行為也可能無中生有，比方說有些患者認為如果某個動作沒有重複特定次數，就會發生不幸的事。

通常強迫症的診斷標準為：一

天至少一小時受到干擾，而且明顯造成損傷。

為什麼選擇研究腦部掃描？

腦中有些網路負責處理錯誤或停止不適當行為的能力（抑制型控制），有項假說認為這些網路對強迫症非常重要。測量方式以實驗性測試為主，例如停止信號測驗：除非警示音在影像出現後響起，否則受測者看到畫面出現圖片時，必須按下按鈕。有些研究為了檢視腦部活化的異常情形，在功能性磁振造影掃描儀中進行這類測驗，不過也許是樣本數太少，結果並不一致。我們則是合併了十項研究的資料統合分析，因此有 484 名受測者。

哪些腦部網路與強迫症有關？

我們認為強迫症是特定腦部迴路出現異常。一是「眶葉－紋狀體－視丘迴路」，特別與習慣有關，而強迫症患者的這個迴路有擴張現象，且當患者看到與他們害怕事物有關的圖片或影片時，此迴路會過度活化——如同強迫行為的油門。另一個迴路是「扣帶皮質－島蓋網路」（CON）：當你需要凌駕於行為之上的自我控制時，由這個網絡負責偵測。經過統合分析之後，我們發現患者腦中的 CON 比較活躍，不過他們在抑制控制測驗期間的表現比較差。CON 如同剎車，用以停止進行中的行為，儘管強迫症患者腦中的 CON 比較活躍，卻未帶來通常在健康的人身上的後續現象變化。

關於強迫症療法有何新發現？

心理治療對強迫症非常重要，尤其是認知行為療法。這種療法是讓患者逐步接近他們害怕的事物，了解接觸到會啟動強迫症的事物時，其實不會發生什麼壞事。我們正在著手這方面的大型

▲ 強迫症患者腦中有個迴路有擴張現象，對於強迫行為具有油門效果。當需要比較強的自我控制時，另個迴路負責偵測，如同剎車作用，但患者腦中這個迴路的表現不如健康的人。基本上，患者知道自己應該放輕鬆，但是腦中的剎車系統無法正常運作。

試驗，在治療前後均掃描腦部，察看當患者病情改善時，腦中的這兩個網絡是否也顯示較正常的活化型態。已經有科學家探討，對 CON 進行重複經顱磁刺激技術，目前看來對強迫症的療效相當不錯。（賴毓貞譯）

掌控生理時鐘
的祕密？

演化生物學家讓受試者待在黑漆漆的地洞中長達 10 天，

透過極端實驗，觀察到哪些現象？

我們為什麼需要好好照顧生理時鐘？

作者／詹姆士‧洛伊德（James Lloyd）

科學作者，《BBC Focus》編輯助理。

地球上每個人都以相同步調生活著：我們體內都有個時鐘，讓我們保持 24 小時的生活週期；它對我們的睡眠週期極為重要，也操控著整體健康和生活安適感。不僅如此，從飢餓、新陳代謝，一直到心臟功能、心理健康以及免疫系統等等，一切身心機能都與它有關。有研究指出，紊亂的生理時鐘會增加罹患糖尿病、心臟病和癌症的風險。

我們為此訪問了演化生物學家艾拉‧艾爾沙瑪希（Ella Al-Shamahi，BBC 節目《地平線》探討生理時鐘的主持人，見左頁圖），想了解人體生理時鐘之謎，以及她將一名退役突擊隊隊員關在核戰避難所裡長達 10 天的真正原因……

為什麼要把人關在核戰避難所？

在這個充斥現代科技的世界中，沒辦法真正了解人體生理時鐘有多厲害，以及哪些因子會影響生理時鐘，所以我們讓曾是皇家海軍突擊隊隊員的亞度‧坎恩（Aldo Kane）待在地下避難所，並限制其中的人工光照亮度；在那裡他看不到陽光，也無法分辨時間，觀察這麼做對他的生理時鐘有何影響。

究竟什麼是生理時鐘？

就是讓我們身體所有機能同步的體內時鐘，由腦部下視丘的某一區域調控；調控依據之一來自陽光的日夜週期。我們的腦透過神經和荷爾蒙，將這樣的 24 小時節律傳遞至體內器官，告訴我們什麼時候需要吃飯、睡覺、保持清醒和工作。

身為演化生物學家，真正讓我感興趣的是，生理時鐘在演化上為「高度保留」機制，也就是它已經出現很長一段時間，有千萬到上億年之久。如果某個性狀在演化上高度保留，表示它真的很有用處——即使是果蠅都有 24 小時生理時鐘。

這個避難所實驗內容為何？

實驗分成三階段。第一階段頭幾天，我們讓坎恩待在裡頭，並監測他的日常活動（吃飯、睡覺、運動、閱讀），我們沒有給他任何可以判斷時間的線索。地面監控工作採輪班制，透過敲擊的方式與他溝通，讓他無法從接電話的人分辨出當下時間。當然，他沒辦法接觸到自然光，不過他可以決定要不要打開避難所內的電燈。當他醒來時，他會打開所有燈，睡覺時則全部關上。

實驗第二階段是「昏暗」階段，我們想要了解生理時鐘如何克服完全沒有光源的情況。我們關上所有燈，只留一盞很暗的燈泡，所以他有數天幾乎處於黑暗之中。

第三階段我們讓坎恩進入時差模式。當你處在有時差的狀況下，例如從紐約飛到倫敦，通常會有一次睡眠時間受到嚴重干擾，不過在接下來幾天會補回來。但是我們連續好幾天在同一時間打斷坎恩睡覺、把他叫醒，讓他保持時差狀態，完全不讓他好好休息。

坎恩如何克服這樣的狀況？

他並未克服，且完全失去了時間概念——他以為的時間與實際時間根本不一樣。到了第三階段，我們老是強迫他醒來，把他搞得很煩。他是很能吃苦的人，這也是我們找他做實驗的原因，結果他完全被打敗了。部分是因為他沒辦法和其他人聯絡，顯然還

有個因素是他的生理時鐘變得不協調；到了實驗尾聲，他的狀況簡直糟透了。

你們發現了什麼？

在第一階段，即使坎恩沒辦法知道時間，他的生理時鐘依然大致維持 24 小時的週期，並未因失去時間線索而忽然變成 36 小時或 12 小時。所以不是你的錶、手機或外在環境在控制生理時鐘，它會自行保持規律。然而我們發現坎恩的睡眠時段一直往後移。

在第二階段關燈之後，睡眠後移現象更加明顯。他的生理時鐘在完全沒有光的情況下，一直努力保持規律，這時生理時鐘進入了「自主運作」階段。我覺得這個用語真的很貼切，基

前突擊隊隊員坎恩自願接受《地平線》節目的生理時鐘實驗，被關在看不到日光的核戰避難所裡。

本上就是生理時鐘完全靠自己在運作。多數人的生理時鐘會比 24 小時稍微長一點，雖然還不確定原因，不過這符合我們在實驗中看到的現象，所以需要光來「重置」並校正生理時鐘。

我問坎恩在進入避難所前都幾點起床，他說無論有沒有鬧鐘，都是每天早上 6 點。這讓我覺得很有趣，因為坎恩的生理時鐘本來會在每天早上 6 點叫他起床，但是當他看不到陽光時，他的睡眠時間逐漸往後移。到了實驗尾聲，他的生理時鐘與真實世界差距超過三小時，這就好比老式發條時鐘，需要你每天校正，才能確保它告訴你正確時間。我在節目中還訪問了馬克·史瑞德戈德（Mark Threadgold），他在服役於英國陸軍期間喪失了視力。多數盲人多少可以感覺到光線，但史瑞德戈德的視神經受損過度，所以一點光都看不到，意味著他的生理時鐘一直處於自主運作階段。他每天大約損失一小時睡眠，一個月剛好形成一個週期。他說他老是想睡覺，情緒也嚴重受影響，這明確告訴了我們生理時鐘失調可能造成的衝擊。

這些發現如何應用於日常生活？

坎恩在實驗中經歷的是非常極端的狀態，不過從演化觀點來看，現代生活同樣相當極端，許多人的日常生活

即使有方法可以減輕深夜使用手機對睡眠造成的影響，最好還是別在深夜滑手機。

幾乎曬不到陽光，這與人體的自然設計相違背。所以有些建議真的很實用：也許你可以從搭捷運通勤改成騎腳踏車，或是在午休時間到戶外散步一會兒、曬曬太陽。

我在節目裡與研究團隊聊天時，還發現另一件有趣的事，我們的身體除了有個「主時鐘」，其他器官也各自有生理時鐘。所以你在一天當中做特定事情的能力，會因為時間早晚而有所不同。坎恩待在避難所裡時，我們也觀察到了這樣的現象。

我以前一直認為應該在早晨做最重要的事，然而事實上我從來就沒有真正做好過，後來發現會這樣的人不只我。我們的身體在早晨還沒完全醒來，所以最好晚一點再做正事。我們的消化系統也有生理時鐘：早晨是吃大餐

的好時機，因為這時新陳代謝最有效率，換句話說最好不要在晚上吃大餐。

如何重新調節生理時鐘？

節目裡我還訪問了一對努力想讓彼此生理時鐘同步的情侶。娜歐米是早起的鳥兒，葛雷格則是夜貓子，他們會一起睡覺，但是葛雷格會在床上翻來覆去數小時才入睡。他們希望能解決這個問題，因為這會干擾娜歐米的日常生活，而他們即將結婚。

就某方面而言，葛雷格並未不正常。大約 25％的人是夜貓子，25％的人愛早起，其餘則介於兩者之間。在這條從早鳥到夜貓的光譜上，每個人有自己的位置，而且很難改變，不過我們可以讓生理時鐘朝某一方向移動。以前的人如果想在晚上工作，必須點上蠟燭，然而現代人可能在睡覺前一秒都還開著燈。葛雷格想要將生理時鐘調得稍微早一點以配合另一半的作息，所以在節目裡睡眠科學家給他在晚上遮蔽藍光的護目鏡，這能欺騙生理時鐘，讓它以為當下比實際時間還要晚。

葛雷格也開始在白天時多到戶外曬太陽。如果你是夜貓子，可以到室外接觸早晨陽光，而早起的鳥兒可以多在下午曬太陽，以便將睡眠時間往後移一點。對葛雷格而言，這些舉動的確獲得正面效果。

你還學到哪些訣竅？

想要保持規律的生理時鐘，每天得在同一時間睡覺和起床，還有儘量不要在晚上使用手機；如果非用不可，最好開啟夜晚模式或藍光濾鏡。

我也訪問了另一對上夜班的情侶，其中一人很難入睡，另一人則是有時候可以連續睡上 24 小時。我們安排一名研究人員與他們討論，他們需要每天維持一貫的睡眠時間，即使休假時也一樣。保持相同的作息時間表，對生理時鐘比較好。

製作節目期間我們還發現，大部分人是朝九晚五的工作，但是符合多數人作息時間的工作，對某些人而言卻不適合；如果你是夜貓子，就別預期在早上 8 點會有生產力，最好換個上班時間比較有彈性的公司，才能獲得最好的效率。

你有因此改變自己的生活習慣嗎？

我的睡眠通常很糟，而且完全沒在管生理時鐘，因此影響到健康，感到有點羞愧。

雖然我的工作不需要輪班，但是睡眠時間卻類似輪班工作者——我都在很奇怪的時間工作。了解生理時鐘的關鍵後，我一直在努力，試著於固定時間睡覺和起床。（賴毓貞譯）

睡眠科學新解方？

如果夠幸運，一生中會有三分之一的時光在睡覺。
然而自古至今，人們對於睡眠有不少誤解，
讓我們為你揭曉，關於夜寐時出乎意料的新發現！

作者／愛麗絲・格雷戈里（Alice Gregory）
倫敦大學金匠學院心理學教授。著有《小睡片刻：一生中的睡眠科學》
（*Nodding Off: TheScience of Sleep from Cradle to Grave*）。

如果你對這樣的話題有興趣，也許是因為你自覺睡眠不足，但你知道睡太多也會讓人生病嗎？還有，睡前一杯咖啡不見得是壞事？最新穎的研究正從我們的夢土中，挖掘眾多驚奇發現！

邊睡覺邊學習

我們清醒時所建立的薄弱記憶，會在睡覺時變得更穩定、持久。不過比較少人知道也較有爭議的是，搞不好我們連在睡覺時，都可以學習新資訊。例如在紐約做的一項新生兒研究，實驗者在嬰兒睡覺時播放某種音調，然後向他們的眼部吹氣，結果嬰兒很快就學會預測吹氣的結果，一聽到音調便會動動眼睛。不過這個範例相當單純，不太可能用相同方式，學會更複雜的資訊。此外，許多不同設計的實驗，試圖在睡眠時教導不同年齡層的受試者新資訊，大抵都以失敗收場。縱使睡眠顯然對我們的學習跟記憶很重要，然而不幸的是，在大考前一天晚上瘋狂聆聽有聲書，並無法幫你追分成功。

睡越多不見得越好

人們逐漸了解睡眠充足，才能保持整天清醒，而不同年齡層的人需要的睡眠時間也不同。專家建議，青少年的睡眠時間應為八到十小時，成年人則是七到九小時。不過話說回來，假如睡得比建議時間還長，會

出什麼問題嗎？有些研究特別強調，長時間睡眠（在不同研究中的定義不同）與諸如肥胖、心血管疾病，甚至是早死等各種問題有關。因為過度睡眠可能是某些心理或生理疾患的徵兆。

此外，要是躺在床上的時間太久，睡眠可能會因此變得較為片段，導致我們無法獲得足夠的優質睡眠。這麼說來，難道表示好寢之人應該限制自己夢周公的時間？根據目前數據來看，似乎不需如此。不過，學者得更加確立這些關聯的原因，才能為人們帶來真正有益身心健康的資訊。

年長者較不受藍光影響

藍光與睡眠的關係近來備受討論。藍光不僅是我們在夏日驕陽下能見到的一種色光，也是許多手機與平板會發出的光線。這種色光之所以會受到特別關注，是因為它能抑制褪黑激素；當夕陽西斜，身體便會開始分泌這種荷爾蒙，讓我們想睡覺。因此，如果我們半夜還盯著平板，它發出的藍光會讓我們錯過應該就寢的訊號。然而藍光也有好處，它能在某些必要時機，幫助我們提高反應與警覺，還有助於重設生理時鐘。

比較少人知道的是，藍光對於不同年齡層的影響程度也不一樣。舉例來說，由於色素沉澱，水晶體會隨時間逐漸黃化，這會使通過或進入視網膜的藍光減少。不過如果長輩想用這套理論當成睡前玩平板的藉口，必須提醒您，這些器材本身就可能讓人清醒。所以，很難說它是良好的睡前活動。

睡眠是心理良藥

睡眠問題長久以來是許多心理疾患的症狀，舉例來說失眠（難以入睡或沉睡）與嗜睡（過度睡眠），都列為診斷憂鬱症的指標。

更新穎的發現是，改善睡眠問題有機會預防或解決其他心理問題。舉例來說，有些研究關注受睡眠性呼吸疾患所擾的孩童，發現可以透過移除扁桃腺等腺體，改善他們夜間的呼吸問題；而改善呼吸情形，又與注意力缺失過動疾患（ADHD）的症狀減少有關。此外，由牛津大學學者帶領的研究發現，針對患有失眠問題的學生，給予慣行療法，並搭配認知行為療法（CBT），比起沒有搭配CBT的對照組，前者的失眠、偏執、幻覺、焦慮與憂鬱等症狀都比較少。

睡眠是種社交活動

許多人認為，睡眠是獨享的放鬆時光，在睡眠實驗室研究個體受試者的學者大多也同意這種觀點。不過有不少原因顯示，應當將睡眠放在家庭與社群的脈絡下看待。

例如，大多數的成年人與他人同寢。因此，如果要完整了解一個人的睡眠型態，應該一併考慮同寢人士的夜間習慣。同理，唯有考慮家長訂定的上床時間及其對孩子夜間行為的預期，

才能真正了解孩童的睡眠型態。

在人的一生中，睡眠時機也會隨年紀改變。舉例來說，青少年常常熬夜，而較年長的成人則較早就寢。有種說法認為，這樣的安排有個好處，可以確保時時有人保持清醒，以對外界保持警覺。這個說法頗有道理，因為唯有在我們感到安全時，才能放心進入夢鄉。

事實上學者也發現，孤獨確實與睡眠品質低落有關。其他類似說法也解釋，由於基因造成的睡眠時機差異，導致有些人是夜貓子，有些人則是早起的鳥兒。

睡眠不足未必是普遍問題

很多現代人睡眠不足，無法履行建議的睡眠時間。不過這種現象是近期才有的嗎？英國薩里大學馬爾科姆・馮史茨教授（Malcolm von Schantz）檢視剛步入電氣化時代的社會，發現電力的介入與晚睡有關；但晚睡不能直接解釋為睡眠時間減少。此外，如果我們考慮近幾十年與睡眠相關的數據，其實無法清楚確定睡眠長度真的有改變。話雖如此，美國西北大學的克莉絲汀・努森博士（Kristen Knutson）卻指出，睡眠減少的效應現在可能不同。舉例來說，假設睡眠減少與產生

我們可能會醒過來並睜開眼睛，但此時身體靜止與夢境等正常的快速動眼期特徵，卻還持續進行。

另外，有種稱為爆炸頭症候群（EHS）的現象，其苦主也常將之歸因於超自然現象。典型 EHS 指的是患者快睡著時，聽到震耳巨響。當我們睡著時，腦中的網狀結構（reticular formation）通常會抑制我們的聽覺、行動與視覺能力；然而在 EHS 的情況下，聽覺神經元不但沒被關起來，反而被激發，導致我們聽到巨響。

的食慾增加相關，那麼食慾就不完全與工作的勞動程度，或是限制熱量攝取有關。然而，這對於生活步調平靜的人來說可能是個問題，成天埋首案前的人，容易攝取較多高熱量零食。

睡眠疾患或能解釋超自然

有些人曾夜半醒來，發現自己不能動，且強烈覺得身旁有外星人或某種邪祟。學者認為，睡眠癱瘓或許可以解釋這些駭人經驗。睡眠癱瘓發生時，

助眠良方難尋

坊間流傳許多幫助一夜好眠的祕方，避免咖啡因應當是榜上第一位。然而，研究睡眠的學者卻不認為咖啡因百害而無一利。咖啡因不僅能增強警覺，還可能是治療早產兒睡眠呼吸中止（呼吸會短暫停止）的良藥。

另外，不少人擔心干擾睡眠，而避免在傍晚鍛鍊身體，卻也有研究認為，傍晚運動並不會對睡眠造成問題，所以別把這當成不運動的藉口，儘管放心去吧！

午睡片刻的優點廣受著述，包括使人提振精神、減少壓力以及增進健康。有些人頗喜歡「Nappuccino」，意思是來杯咖啡後馬上午睡，希望醒來精神抖擻，可以馬上工作。不過對於有失眠困擾的人，午睡可能會使他們晚上更難入睡。這些年來，我們都聽過午睡時間宜短，以免導致睡眠疲乏、醒來時昏沉無力。但是近期回顧報告強調，就算是短暫的小睡片刻，有時也會導致這種令人討厭的情形。打盹後花點時間讓自己完全清醒是很重要的，能確保我們安全切換回擾攘的工作模式。（劉書維譯）

小睡有益
記憶與思考？

英 國布里斯托大學神經學家莉茲·庫薩德博士（Liz Coulthard）認為，白天小睡一會兒有助腦部處理潛藏於意識裡的資訊。

睡眠如何幫助我們處理資訊？

有相當具說服力的證據指出，記憶是在深沉的「慢波睡眠」（SWS）期間所形成。你清醒的時候，腦細胞會把學到的資訊儲存在相當於記憶體的海馬迴，但是這樣的記憶相當脆弱。連接海馬迴以及其他腦區的神經網路會在睡眠時活化，我們可以從腦電圖看出對於強化記憶很重要的腦波循環。我們正在鑽研大腦更深層的定性資訊處理過程，目前這算是新興研究領域。

怎麼檢驗短睡可以促進理解力？

我們設計了一項詞彙與情緒產生關聯的測驗，讓每個字眼出現在螢幕上不到 50 毫秒，然後遮起來，沒有人會察覺自己看到了什麼；接著我們秀出另一個「目標」字眼，它可能跟前一個被遮起來的字眼相似，也可能不相似。比方說受測者先看到「壞」這個很快被遮起來的字，然後再看到「不開心」或「開心」，接下來我們請受測者按下標示「好」或「壞」的按鈕，並記錄他們的按鈕速度。倘若先前出現的字眼跟他們看到的字眼相似，按鈕的反應就會比較快，不相似的字眼就需要比較長的時間處理資訊。接下來，我們讓受測者保持清醒或小睡一段時間，然後再做同樣的測驗。保持清醒的受測者可以看電影或讀書，只要不睡著就好；小睡的受測者則有 90 分鐘的睡眠時間。

結果顯示小睡一段時間的受測者，對於目標字眼的反應速度快得多。這項研究的規模很小，儘管包含各種年齡層，但受測者只有 16 人，所以需要更多受測對象。我們會透過腦電圖找出可以預測實驗表現的睡眠階段，此外會通宵進行測試，比較白天睡 15 分鐘的增強記憶與思考效果，會不會比晚上多睡 15 分鐘更好。

為什麼要研究短睡？

我們想要知道任何型態的睡眠是否都有助於人們處理資訊並以此決策。我們身處的荷爾蒙濃度以及光照度日夜有別，實驗中的小睡必須控制許多變因。我們在睡眠時會由淺入深，經歷包括迅速眼動期等各種階段，一個完整的循環大約是 90 分鐘。

▲ 在這項小型研究中，研究者發現人們白天小睡 90 分鐘，處理資訊的能力優於保持清醒的人們。進一步研究將有機會研發出調整睡眠的策略，幫助具有認知與心理障礙的人。

如何實際應用這些研究結果？

睡不好的人會有各種問題，不只是認知能力與心理健康，整體健康都會受到影響。我有些具有輕度認知障礙或失智症的病人，產生見解以及做決策的能力問題，我們可以藉由調整睡眠，觀察對他們有無助益。有時候只要稍微改善睡眠環境，就可以達到更好的睡眠品質，也可以藉由聲音或藥物等等更精巧的大腦刺激法，促使人們進入對於處理資訊有益的深層睡眠。

（高英哲譯）

打造腸道菌種資料庫？

科學家正在探索人類腸道裡有哪些細菌，

以及它們如何影響人體作用機制，比方說血糖恆定以及化療反應。

比起分析基因，透過比對每個人腸道菌種的微妙差異，

能讓我們更了解自己的健康狀況。

作者／艾美‧弗雷明（Amy Fleming）
科學作家與編輯：推特帳號 @Amy_Fleming

▲ 史貝特教授相信，豐含各種蔬果和天然食物的飲食，能增進微生物體的多樣性。

從物種分類來看，我們是人類，但就體內細胞數量而言，我們更像微生物——數以兆計的微生物以人體為家。科學家探索人類的微生物生態系統（微生物體），發現在我們身上的微生物基因比人類基因還多，這群小小寄生者聯合起來，無聲無息地控制著我們，不僅掌管我們的情緒、食慾、免疫防衛系統，還幫助我們消化與代謝。

在倫敦國王學院主持「英國腸道計畫」（BGP）微生物體研究的提姆・史貝特教授（Tim Spector）說，人體微生物對個人性格與感受，在某些方面比人類基因更具影響力。「比起基因定序（參132頁），徹底分析一個人身上的微生物，反而更能知道他的健康情形。」他指出人類的基因相似性達99.7%，但是「人體的微生物體相似度，只有二至三成。」

腸道普查

史貝特在 2014 年展開 BGP，盡可能找出各種人的微生物體，嘗試揭開其與健康的關聯性。近期他也在另一項國王學院的同性質大型研究計畫中（他帶領這個研究計畫已逾 25 年），研究糞便樣品，靈感來自於美國微生物學家所發起、由群眾募資贊助的「美國腸道計畫」（AGP）。這兩個研究計畫有個共同目標，就是要邀請大眾參與，建立大型腸道資料庫。受試者繳交一筆小額費用（作為營運資金），就能得知自己身上有哪些罕見菌種及自己的微生物體與同國居民有何不同。史貝特還說，團隊正在研擬增加「多樣性計分」項目，因為身體的微生物種類越多、越不同，通常更健康。

誰是你的腸道住民？

1. 細菌　腸道微生物體由微生物組成，是經常在變動的複合物，總重可達 2 公斤，比成年人的腦還重。這條擁擠的腸道世界被 100 兆個細菌稱霸，有些細菌並不友善，但多數是保持我們心智與身體健康運作不可或缺的要角。

2. 真菌　科學家眼中「沉默的一群」腸道住民，如白色念珠菌。它們只占微生物體的百分之一，要與細菌和其他微生物共生才能存活。科學家目前在研究它們在腸道社群中對於疾病易感性與免疫力所扮演的角色。

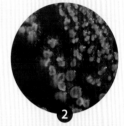

3. 酵母菌　酵母菌是單細胞真菌，白色念珠菌就是種酵母菌，這也是為什麼當它們數量太多時，會說是同時受到酵母菌與真菌感染。

4. 原生動物　這些單細胞生物曾被分類為動物，能獨自移動；它們食肉也吃有機物。多數原生動物是無害的，有些經研究甚至是有益的，不過也可能造成嚴重腹瀉，因此吃東西前最好要洗手。

5. 古細菌　這些微小的奇異生物通常生活於溫泉，而少數以人類腸道為家的古細菌，是支援人體複雜消化程序的「菁英部隊」重要微生物成員，分解複合式碳水化合物少不了它們。

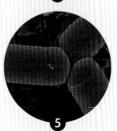

英國蒐集的樣品會送到美國聖地牙哥的 AGP 實驗室分析，BGP 基本上是 AGP 的歐洲分支，後者由世界各地的研究人員組成，成員網絡廣大，大家都想從事類似研究。所有數據結果都是公開資源，日後將成為「地球微生物體計畫」（EMP）的一部分；這個國際合作致力研究微生物在地球上的生活樣貌。

從腳趾到鼻子，我們身上到處都住著細菌、酵母菌等微生物，這是為何 BGP 也接受皮膚、口腔與陰道塗抹樣品的原因。不過，腸道才是真正的控制中心——有些研究人員甚至把腸道取了個聽起來有點詭異的稱呼：第二大腦（直覺的英譯為「gut instinct」，這個用詞終於有科學依據了）。研究人員藉由糞便樣品分析腸道中的菌體，就能

腸道檢驗劑

atlasbiomed.com

支付 139 元英鎊（約台幣 5,583 元），Atlas Biomed 就會列出你的腸道菌種，包括它們的多樣性、消化纖維的能力、你是否容易感染潰瘍性結腸炎、克羅恩氏病（局部性迴腸炎）、肥胖和第二型糖尿病等疾病，以及你的飲食習慣最接近哪個國家；你也會收到如何透過飲食強化微生物體的專屬飲食建議。

ubiome.com

提供腸道、口腔、鼻腔、生殖器與皮膚的細菌檢測。基本款的 UBiome Explorer 檢驗劑要價美金 89 元（約台幣 2,737 元），運費另計。研究人員會把你的檢驗結果與素食者和肉食者比對，分析細菌多樣性及你的腸道菌種對於代謝碳水化合物、咖啡因與其他物質的表現。

thryveinside.com

Thryve 公司除了提供售價美金 150 元（約台幣 4,613 元）的腸道健康檢測外，也販售組合包，內含健康報告、飲食建議、益生菌補給品（可訂購整月份量）以及漸進式飲食計畫。

carbiotix.com

強調透過飲食與該公司的益菌生補給品，提供腸道好菌水溶性纖維，增加它們的數量。為避免纖維素超過腸道菌負荷量，該公司每月都會為你檢測、監控身體狀況、打造腸道菌種，並依需求調整纖維素攝取量。這是目前市面上相對便宜測試劑之一，每月美金 19 元（約台幣 584 元）；或升級方案（約台幣 1,507 元）還有客製化益菌生補給品。

辨別地理差異（例如美國人的微生物體多樣性通常不如英國人）以及某些微生物與常見疾病的連結。

雖然科學家鑑別了每種微生物、知道它們的特性以及它們如何共同作用，但這些只是皮毛而已。史貝特表示，現有微生物體知識比起人類基因研究，落後了十年。不過，科學家已經鑑識一群似乎能為多數人帶來助益的微生物。根據史貝特的說法，糖尿病、類風溼性關節炎、食物過敏、腸躁症候群、結腸炎和高血壓患者「體內通常缺少這些能帶來保護功用的益菌。」

心理健康和腸胃健康也有強烈連結。菲莉絲・傑卡教授（Felice Jacka）在澳洲迪肯大學設立了食品與情緒實驗室，十年前她首創營養精神病學，如今她的研究越來越趨向微生物，「從生物學的觀點來看，構成憂鬱症的所有因子：發炎、大腦可塑性、腦內免疫活化、基因表現，都受到腸道微生物體所控制。腸道微生物體也會影響腦內神經傳導物質的含量，在壓力反應系統的調節上扮演了舉足輕重的角色。」

甚至食物與藥物對於身體系統（從抗憂鬱到癌症化療）的效用，也跟我們帶有的微生物有關。「如果你正在接受癌症化學治療，且擁有契合的微生物種，你的存活機率是別人的三倍。」史貝特說，「因此每個即將做化療的

人，都該接受微生物體檢測。」他表示，倘若發現體內缺少一些必備微生物，可服用含有所需微生物的益生菌補給品，並改變飲食，也可能有助於提高存活機率。他提到，「美國癌症中心現在會定期為病人檢查並提供建議。」不過英國尚未把「腸道狀況與化療」納入療程。

已知服用益生菌補給品能帶來效益，以上只是其中一例。「看來它們對於很多狀況都能發揮功效。」史貝特說，「如果小孩拉肚子，服用益生菌將可顯著縮短他的恢復時間。」加拿大麥馬斯特大學神經病學與行為神經科學系的副教授珍・艾利森・佛斯特（Jane Allyson Foster），形容益生菌產業為一片「榮景之地」，還預測某天柳橙汁和巧克力棒裡都會出現益生菌的蹤跡。但她也警告益生菌並非萬靈丹，「微生物體的組成和單一細菌的功能，部分受到我們自身基因的影響，也會受到環境因子的影響，例如壓力、飲食、年齡和性別。」

換句話說，這不只是腸道中好、壞菌多寡的簡單因果關係。「了解壞菌效應的唯一方式，就是當它們在體內達到足以發病的數量時，我們會出現難受的腸胃反應，好比嘔吐和腹瀉（舉例來說，可能是大腸桿菌或困難梭狀芽孢桿菌所引起）。」史貝特說明，「就人

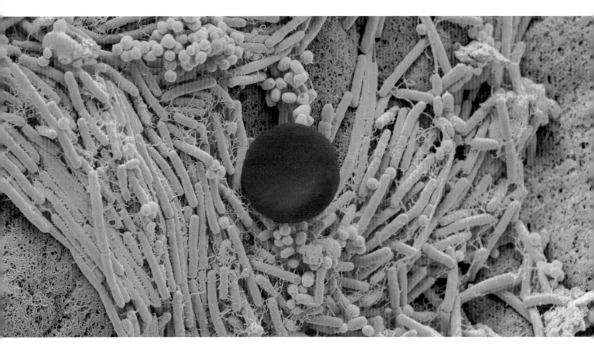

類的腸道菌種來說，目前還無法證明各種細菌的角色，因為我們尚不了解所有菌種如何在體內交互作用。因為許多菌種離開人體就會死亡，我們無法研究它們存活時的狀態。要找出人體帶有哪些細菌，得從尋找細菌 DNA 著手。」

腸道與身心

身體會透過許多方式告訴你，腸道菌種出了問題。史貝特表示，罹患腸躁症就是徵兆之一，伴隨著「便祕、胃口不佳、脹氣；一般來說，如果你的體重過重、感到不舒服，還會對很多東西過敏，那就表示你的腸道健康狀況不佳。」他說對多數人而言，這些症狀都是家常便飯，唯有改變作法、感覺更加舒服，你才會明白過去的身體狀況有多不好。當你的免疫系統提升，也比較不會感冒或得到傳染病。

史貝特建議，若想改善腸道健康，得攝取加倍的纖維質、吃天然食物如全穀類和豆類，再加上大量水果與蔬菜；也可多吃富含好菌的優格、德式酸菜以及傳統韓式泡菜。據史貝特所述，BGP 到目前為止受試者將近 6,000 人，腸道最健康

的人攝取的蔬果多樣性最高，「無論你是素食者、肉食者、原始人飲食者或其他飲食者，餐盤裝著種子、堅果、香料、草藥、水果、蔬菜、菇類、穀類……豐富的種類才是重點。」

腸道最健康的人每週會吃 30 種蔬果，且 AGP 報告顯示，這種人的腸道裡也最少會排斥抗生素的細菌基因。研究人員懷疑可能與這些受試者較少吃含有抗生素的肉品與加工食品有關。受試前一個月定期服用抗生素的人，與受試前一年完全沒有吃這些藥物的人相比，前者腸道微生物體組成較不多元。

在那之後，史貝特展開了名為「預測試驗」（Predict Study）的第二階段腸道研究計畫，要探究每個人對不同食物的反應，以及這些反應如何對應腸道菌種，希望透過檢視個人腸道所含的微生物，提供客製化的飲食建議。這項試驗的受試者，包括史貝特，用膳後（從香蕉到普羅塞克氣泡酒等等）都會接受血糖檢測。史貝特說，大家的檢測結果差異很大，就連同卵雙胞胎也是，「這與他們的基因無關，而是受到了微生物的影響。」血糖波動常與體重上升和糖尿病有關，史貝特發現自己吃了麵包之後，無論白麵包或全麥麵包，都會出現類似狀況，「吃義大利麵或米飯，我的血糖不會飆高，

但其他人也許跟我相反，畢竟這些都受到微生物所控制。因此，如果你知道哪些食物有助於維持你的血糖，長期下來就有可能讓體重下降。」

這就是讓史貝特相信微生物檢測未來會成為例行項目的原因之一。網路上的微生物體檢測服務要價大約 100 元英鎊，他指出，「當越多人使用這項服務，價格越有機會下降一半。若是英國國家健保局（NHS）提供服務，可能會低於 20 元英鎊；這價格就跟血液檢測一樣，而且效益立竿見影。」

史貝特說，「日後我可以檢測你的腸道微生物，然後告訴你，根據我們的萬人資料庫，你適合吃米飯還是馬鈴薯。」另外，兩國腸道計畫的其中一項發現，甚至為「飲酒是否健康」這個長久以來的科學辯論，提供了正向證據。這對每週喝一至數次的適度飲酒者是個好消息，因為他們微生物體的多樣性比滴酒不沾的人還高。隨著受試人數越多，科學家就越能清楚了解地域間的微妙差異與細節、與疾病相關的腸道指標菌，以及特殊飲食的效應。（林云也譯）

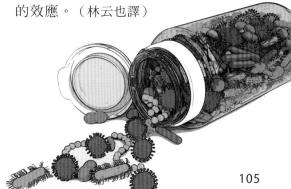

世界各地都有吃昆蟲的風俗，不過在歐洲和美國，看起來令人毛骨悚然的蟲子並非主要飲食來源。儘管如此，大家對吃昆蟲的興致越來越高，畢竟牠富含蛋白質，飼養所需資源也較少，還可能促進人體腸道益菌的生長。

吃昆蟲有益腸道？

根據最新臨床實驗，吃昆蟲有益腸道菌生長。你不需要吃下整隻蟋蟀，可以把牠磨粉、加到食物中，這麼做或許更容易入口。美國科羅拉多州立大學蒂芬妮‧維爾博士（Tiffany Weir）說明，吃下肚的昆蟲會產生哪些影響。

吃昆蟲有什麼好處？

昆蟲的營養比我們常吃的蛋白質來源更豐富，就相同單位重量而言，昆蟲所含的蛋白質和纖維比許多肉類還多。

此外，只要用對飼養方式，昆蟲比肉類來源提供更高的環境永續性。吃昆蟲在美國和歐洲以外

的地方並不罕見，大約有 20 億人經常吃昆蟲。

腸道微生物何以對人類有益？

人體內有數以兆計的微生物，主要出現在我們的胃腸道。微生物體是這些微生物的集合名稱，其中不只細菌，還有病毒和真菌。我的同事瓦拉莉·史道爾（Valerie Stull）一直在研究吃昆蟲這件事，至於我的興趣則是研究腸道微生物對飲食的影響。我們想要知道吃昆蟲除了獲得豐富的營養，還有沒有其他好處。

如何研究吃昆蟲？

我們找了 20 位受試者，要求他們每天都吃鬆糕和巧克力麥芽奶昔當早餐。其中一組的奶昔裡加了蟋蟀粉，另一組沒有。受試者接受為期兩週試驗後，恢復正常飲食兩週，接著交換組別，再進行兩週試驗。期間收集並分析受試者的糞便和血液樣本。

吃蟋蟀對人體有什麼影響？

分析結果顯示，吃了蟋蟀的受試者體內某些益菌的數量增加，發炎反應也減少。增加的益菌包括雙叉桿菌，這是會率先進駐新

生兒腸道的微生物，有助於嬰兒從飲食中吸收更多營養，對免疫系統的發展也有幫助，能保護嬰兒免受其他病菌感染。

人體終其一生都有雙叉桿菌，只不過數量會隨年齡增加而減少，因此市售益生菌補充包或優格等食品中常含有雙叉桿菌。此外，我們發現人體的腫瘤壞死因子 α（TNF-alpha）也減少了，這是常見的發炎指標。小規模的急性發炎是人體對抗感染時的必要手段，發炎程度若是太高（西方飲食常見的副作用）則會導致糖尿病和心血管疾病，因此減少體內發炎反應可帶來長期的健康效益。我們以年輕人、健康成人為試驗對象，或許可以從中了解，患有慢性腸道疾病的人能否因此獲益。

接下來會如何發展？

吃昆蟲的好處部分源自於「幾丁質」這種纖維素，人類飲食中含有幾丁質的食物只有菇類和蝦蟹等甲殼動物的外殼，但我們通常不吃牠們的殼。我們認為，幾丁質或許可以促進益菌生長，不過現階段的研究規模太小，必須找更多受試者重複試驗，但這是不錯的開始。（陸維濃譯）

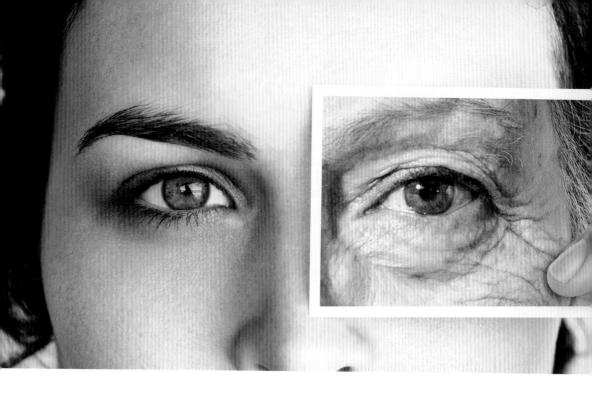

飲食影響老化？

限制熱量攝取，可延長哺乳動物的壽命，不過我們並不清楚其中機制。美國天普大學珍皮耶·伊薩教授（Jean-Pier re Issa）所做的新研究顯示，飲食會影響表觀基因體，因此可能在老化過程中扮演某種角色⋯⋯

什麼是表觀遺傳學？

我們擁有一套來自父母的基因體。人體超過 200 種細胞和組織，都是依照同一藍圖建構而成，這份藍圖就是基因體。但同一份說明書怎麼建構不同的組織？

答案就是我們稱為「表觀遺傳學」的一連串過程，由於作用在基因表面而稱「表觀」。它們的功能就像書籤（或標記），可讓細胞據此建立各自特性；例如它們會告訴心臟細胞該依循哪幾頁說明書執行功能。表觀遺傳標記分子可以黏附在 DNA，或是在幫助 DNA 折疊的蛋白質上。可透過定序讀取整個「表觀基因體」，就像定序基因體一樣。

這些標記如何影響老化過程？

基因體上的標記會隨著我們年紀增

長而重新洗牌，有些會消失不見，有些則出現在不該出現的地方。這些稱之為「漂變」的過程，就像是表觀基因體中出現了雜訊。

我認為這是所有哺乳動物老化時的特徵，不過我們目前只研究了三種哺乳動物：小鼠、猴子和人類。我們發現漂變速率（多快重新洗牌）與生物的壽命有關。人類可以活到 100 至 120 歲，因此表觀基因體的洗牌速度比較慢；只能活兩到三年的小鼠，洗牌速度則非常快。我的研究最早從癌症著手——癌細胞裡的標記已經完全洗牌。20 多年前我實驗室做的研究，認為人體內可能有「表觀遺傳時鐘」（負責測量年歲的分子），當時我們發現正常組織也會有重新洗牌的現象。

表觀遺傳學和限制熱量攝取之間有什麼關係？

我們只知道少數幾種延長壽命的方法，限制熱量攝取就是其一。我們的實驗讓一組猴子正常飲食，另一組的飲食熱量少 30％；小鼠則是熱量少40％的飲食，飲食中食物體積不變，不過養分含量減少。結果小鼠產生的轉變比猴子更全面。

即使是同一物種，我們仍然可藉由限制熱量攝取，改變動物老化的速度，而這也會改變表觀基因體洗牌的速度。

基於上述現象，我們推測表觀基因體的重新洗牌，可以解釋（至少部分解釋）為什麼我們會隨著老化而生病。

操控表觀基因能促進健康嗎？

我們可以測量表觀遺傳時鐘，如果時鐘走得很快，罹患癌症和其他疾病的風險就比較高，因此可以及早採取預防措施以及篩檢。以長遠來看，也許我們能避免老化。目前在實驗室裡已經可以將標記回復到正常狀態，如果我們研發出能夠讓老年人幹細胞的標記恢復青春的技術，就有可能讓他們活得更久。不過這不表示應該節食，事實上我們並不知道限制熱量攝取是否可延長人類壽命，而且動物實驗數據比表面上看來還複雜，因為每隻動物有不同的遺傳背景。我們目前正在嘗試從分子層級了解老化，並試著研發可以延年益壽的方法。（賴毓貞譯）

▲ 限制飲食熱量攝取的獼猴活得比盡情飲食的獼猴久。

有最有效的
減重方法嗎？

讓我們帶你越過充斥各種錯誤資訊的地雷區，
聽聽真正的減重專家怎麼說，還有聰明減肥小技巧喔！

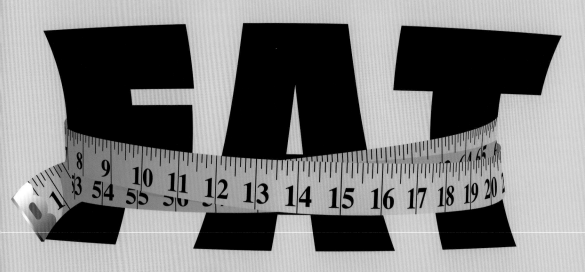

作者／賽門‧克朗普頓（Simon Crompton）
自由撰稿人與編輯，擅長科學、健康和社會議題。

數據就擺在眼前，1990年代時，英國每六人中有一人肥胖，如今每四人就有一人屬於肥胖體型，58％女性和68％男性過重。過重讓我們比較不健康。一項發表於《刺胳針》醫學期刊的新研究指出，過重與住院顯著相關，而且過重讓許多人不快樂，因此這是很重要的問題。

「英國社會態度研究」調查顯示，過重者明顯會受他人鄙視，而且53％英國民眾無法接受過重，他們認為過重的人只要願意嘗試就可以成功減肥。然而科學證據顯示，過重不光因為是意志薄弱。

「腦中對於食物有非常明確的獎賞路徑，所以如果有個東西能讓自己獲得獎賞，它又可隨時取得，那麼何樂而不為？」英國牛津大學營養學家蘇珊‧傑布教授（Susan Jebb）解釋，「在忙碌且壓力大的生活中，你必須花心思向食物說不。」十年前，由於節食還沒有足夠的人體科學試驗，因此醫師和營養師無法依據提供建議，如今已有明確的科學指南告訴我們如何打擊肥胖，並提供控制體重的方法，許多研究結果可能會讓你大吃一驚！

哪種節食方法最好？

科學節食法其實很簡單：少吃一點，還可以搭配低脂飲食（例如不吃經過烹煮或加工，且以蔬食為主的裸食法）或低醣飲食（例如阿金飲食或原始人飲食法）。然而節食要注意的不是減輕體重，而是要找到有效、安全、符合個人生活方式，且可以持續的飲食方法，如此一來，體重才不會再度直線上升。

節食學者會避免建議民眾採取特定的節食法（與產品推銷員相反），因為不同生活方式和不同個性的人，適合的節食法也不相同。不過近期研究指出，某項特定飲食法適用人數最多也最有效，它是監督式節食計畫，諸如劍橋修身計畫、美國輕盈生活以及優體纖等，節食者吃的是廠商提供的

代餐，包括點心棒和奶昔。你可能以為科學家會譴責這些快速減重的節食法，因為它們是過於激烈又不健康的花招，然而研究發現，若能正確執行這些熱量非常低的節食法（又稱全代餐節食法），實際上既有效又安全。2017 年由英國伯明罕大學肥胖研究中心主持的大型人體試驗分析顯示，這些節食法在 12 個月後平均可減重 10 公斤。而另一項研究指出，英國瘦身世界和美國慧優體等行為矯正計畫（著重於改變飲食和運動習慣），一年後只減重 4 公斤。

傑布解釋，雖然研究指出所有節食者日後還是會增重（無論採取哪種方式），不過減掉越多體重，你就可以遠離「肥胖且不健康」的狀態越久。「研究顯示，執行以週或以月計的代餐計畫，長期減重的效果最為顯著。」

雖然代餐節食法看似極端，不過能確實做到營養均衡，這是牛奶節食或檸檬汁節食等 DIY 節食法辦不到的。傑布說，「代餐節食法很簡單，而且如果你想減重，減得快一點又何妨？」

結論：可以嘗試監督式節食計畫，讓你安全減去多餘體重。

速效節食法真的有效嗎？

目前那些聲稱可讓體重迅速下降、需要自己準備食物的速效飲食法（例如高麗菜湯節食法、葡萄柚節食法和果汁排毒節食法），背後的科學證據少之又少，不過它們能讓體重掉得比其他節食法還快。澳洲的研究指出，如果體重能快速下降，不但會有更多人達到目標體重，而且減得快不代表復胖也快。研究團隊推測，體重快速減輕會讓人更有動力繼續執行計畫。

不過採用這些飲食法又想要保持健康而且營養均衡，這並不容易。英國國家健保局的建議是：速效節食法會讓你覺得非常不舒服，而且身體無法正常運作……速效節食法會導致長期健康不良。

事實上，我們的生物本能和生活方式，可能使許多極端速效節食法注定失敗。英國劍橋大學代謝科學研究所首席研究員加爾斯‧姚博士（Giles Yeo）專門研究控制食物攝取量與體重的分子機制，「如果你想要減重，而且希望能長效，最糟糕的選擇就是連續餓肚子三個禮拜。」他接著說，「我認為與其推動這個必定會反彈的巨大擺錘，不如從中找到平衡點，以便長期與肥胖抗戰。」

我們必須正視一件事，也就是速效節食法通常會讓我們感到飢餓。姚博士研究腦部如何因應腸子釋放於血液的荷爾蒙和營養素；這些分子反映身體的營養狀態，而腦會將它們轉化為「飽足感」或「飢餓感」。

「減重的普世真理之一就是，如果想要少吃一點，就必須想辦法讓自己更容易覺得飽，否則接下來就必須一直與飢餓對抗。」姚博士說，「需要花越多時間消化的食物，會讓你有越高的飽足感。因為食物在消化道中前進，會持續釋放不同的荷爾蒙，其中大多是會讓我們覺得飽足的荷爾蒙。這就是為什麼高蛋白質節食法可以成功，因為蛋白質的結構比脂肪或碳水化合物複雜，它們在被分解為小分子之前，可在腸道中待的時間比較久。

結論： 速效節食法會使營養攝取不均衡，而且可能讓你覺得不舒服。

間歇性斷食法有效嗎？

間歇性斷食（如 5:2 斷食法）是指一週內五天可吃任何你想吃的，剩下兩天只吃非常少量的食物，如此反覆進行。這類節食法過去五年廣受歡迎，但它比其他節食減重法更有效嗎？最新研究顯示並非如此。

2017 年發表於《美國醫學會期刊》的一項研究指出，經過一年間歇斷食所減輕的體重，並未明顯高於每天控制熱量攝取的節食者。斷食法的支持者聲稱，斷食對健康的好處不只是減重，動物試驗的確也顯示斷食可延長壽命及降低糖尿病、癌症、心臟病和阿茲海默症的風險，不過人體試驗寥寥無幾，試驗結果也相互矛盾。

美國南加州大學近期發表以 71 名成人為對象的研究，發現間歇性斷食可降低血壓及心血管疾病、癌症和糖尿病的風險因子，也減少體脂肪。不過美國伊利諾大學的研究指出，其他節食法也可降低心血管風險，而且降幅與間歇性斷食不相上下。

「這種節食法不會特別危險，因為多數日子裡，你並沒有改變飲食習慣，但你在一星期內的確吃得比以前少。」姚博士說，「這對某些人非常有效。」

結論：間歇性斷食沒有比控制熱量飲食法更有效，由於對生活影響不大，因此適合多數人。

有可能「健康肥」嗎？

科學界對於運動在減重當中到底扮演什麼角色，幾十年來爭論不休，如今則越來越有共識。他們認為就減重而言，食物攝取量比運動更重要。不過對於健身能否減輕過重所造成的健康風險，仍然有爭議。

爭議的核心是美國庫柏預防醫學研究所的一項研究，其結果顯示超過60歲、有運動習慣的人，無論是否過重，死亡率都比較低。美國明尼蘇達大學的健康心理學家崔西·曼恩博士（Traci Mann）是目前主張「過重的人只要有運動，也能活得健康」的人當中，最知名的人物。她認為沒有證據顯示過重的人壽命較短，但是長時間坐著、貧窮和醫療資源缺乏（通常也會肥胖）的人，其壽命確實比較短，「只有在體重非常重時，才會導致短命。」她主張節食沒有意義，「為了降低心血管疾病和糖尿病的風險，不需要真的變瘦，只要運動就好。」

「胖但健康」陣營在英國也有少數支持者，不過這個理論近日又遭受打擊，因為英國伯明罕大學最近針對350萬份家醫科醫師的紀錄所做的研究，發現所謂「健康肥」族群，雖然有正常的血壓和膽固醇濃度，不過罹患嚴重疾病的風險仍然高於正常體重的健康人：肥胖族群罹患冠心病的風險增加49％、中風風險增加7％、心臟衰竭風險增加96％。

結論：血壓和膽固醇正常的肥胖族群，罹患心臟病和中風的風險還是比較高。

抗生素會讓我們變胖嗎？

「腸道細菌在調控體重上扮演關鍵角色，抗生素會將它們殺光，讓我們變胖。」過去五年人們對這概念很感興趣。

儘管最新證據很吸引人，但仍沒有結論，發表在各大醫學期刊的研究結果也相互矛盾。先前有研究發現，在兩歲前接受三次抗生素療程，會增加兒童早期肥胖的風險；也有研究顯示，出生之後六個月內接觸抗生素，與兒童早期體重增加沒有關聯。

最近有研究指出，腸道菌叢與我們的身體質量指數有關。如果體內 *Christensenellaceae* 屬的細菌含量較高（十人中有一人），會比其他人更不容易增重。英國倫敦國王學院的科學團隊發現，人體內這種細菌的含量，部分由遺傳決定。

姚博士曾在 BBC 節目中，探討移植微生物以治療肥胖的可能性，他認為這個新領域非常重要，需進一步研究，「關於瘦身細菌和肥胖細菌，我還沒看到有說服力的證據。」

結論： 雖然需進一步研究，不過腸道細菌可能會影響我們是否易胖。

燃脂藥丸有效嗎？

市面上有數十種「加快新陳代謝」的產品（成分琳瑯滿目，包括咖啡因、辣椒素、左旋肉酸和綠茶萃取物等等）宣稱可以刺激身體消耗能量，增加燃燒熱量的速率。不過少有證據顯示這些產品真的有效，而且它們的廣告詞大多未經科學驗證，因為這些產品屬於補充食品而非藥物。

部分研究指出，攝取咖啡因可以燃燒更多熱量，不過依據美國梅約醫院的說法，這不代表對於減重有任何顯著效果。雖然一些小型研究顯示，辣椒中的辣椒素可以加速減去腹部脂肪，並讓人覺得比較有飽足感，然而其他「燃脂」藥丸的成分大多沒有相關資料可供佐證。

媒體接二連三報導一些近似減重捷徑的食物，聲稱它們可以加快新陳代謝、減少脂肪或增加有益健康的腸道菌等等，例如卡宴辣椒、蘋果、蘋果醋和肉桂。問題是這些報導多半根據小型或個別研究，而且研究對象通常是老鼠而非人類。也許它們真的具有某些功效，不過現在還言之過早。（賴毓貞譯）

結論： 很抱歉，燃燒脂肪沒有捷徑！

對抗肥胖小技巧

1 細嚼慢嚥

最近在美國心臟學會發表的一項研究指出，吃太快會使腰圍變粗，也會增加心臟病風險。依據肥胖專家姚博士的說法，吃太快表示沒有給腸道足夠的時間釋放荷爾蒙訊息，告訴你的腦已經吃飽了，所以你會繼續吃不停。

2 少吃「空」熱量食物

空熱量食物是指糖類食物，不會有飽足感，只會讓你增重。軟性飲料和果汁帶著高濃度糖分快速進入腸道，腸子很難注意到吸收了多少糖。豆類、全穀類、堅果和葉菜等蛋白質和複雜的碳水化合物，需要較長的分解時間，會在腸道中待得比較久，產生持久的飽足感。

3 別一個人吃飯

近期發表在肥胖相關頂尖期刊的研究指出，一天至少兩餐一個人吃飯的男性，有較高的變胖風險，不過這對女性而言關聯較不明顯。另一項研究指出，孤單的人傾向選擇不健康的食物，呼應了上述研究。

4 注意你的餐具

一些受媒體關注的研究顯示，碗盤的大小、形狀和顏色，及叉子、湯匙等餐具的大小和重量，都影響我們的食量。雖然健康專家對這些結論抱有爭議，不過大份餐點確實會增加體重，且《英國醫學期刊》某項分析也建議使用小一點的餐具。

5 多睡點

超過 50 項研究探討睡眠不足與體重增加的關係，最近回顧相關文獻的結論是，無論成人或兒童，睡眠確實與體重有關。睡眠不足似乎會破壞身體調控荷爾蒙及代謝葡萄糖的路徑，且會增加刺激食慾的荷爾蒙：飢餓素。

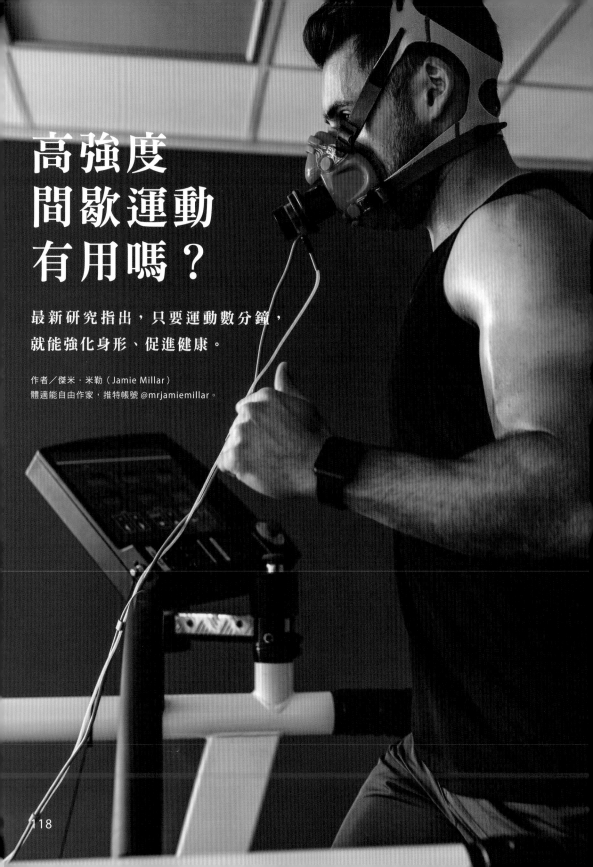

高強度
間歇運動
有用嗎？

最新研究指出，只要運動數分鐘，
就能強化身形、促進健康。

作者／傑米‧米勒（Jamie Millar）
體適能自由作家，推特帳號 @mrjamiemillar。

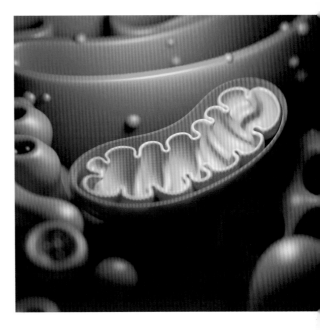

近年來能見度最高、吸引最多研究資源的運動即高強度間歇訓練（HIIT），它也是 2018 年在美國運動醫學會（ACSM）全球體適能趨勢年度調查中拔得頭籌的項目。HIIT 自從 2014 年登上首位之後，就維持在前五名，熱門地位相當穩固。儘管 HIIT 在 ACSM 2019 年的排行榜中落在穿戴式裝置（第一名）和團體訓練（第二名）之後，但如果你最近上過運動課，可能就做過 HIIT。位於倫敦的人類健康與運動表現中心（CHHP）運動生理學家湯姆・柯文（Tom Cowan）表示，「這種運動其實就是一連串重複交錯的高強度運動及休息。」

剖析高強度

ACSM 指出，高強度區間是指達到最大心率 80％到 95％的運動，時間為 5 秒到 8 分鐘不等。一般說來，時間越短，強度越高，反之亦然。各強度區間之間為靜止休息，或以最大心率的 40％到 50％做動態緩和，持續時間與強度區間相同（可依體能狀況延長或縮短）。

HIIT 適用於各種體能狀況和目標，因此對象範圍相當大，包括菁英運動員到心血管疾病患者；它可藉助各種健身器材，如飛輪車、跑步機和划船機（有氧 HIIT），也可採取伏地挺身等運動（徒手 HIIT）完成。

HIIT 的風行是件好事，因為它可提升體能狀況、增進心血管健康、改善膽固醇值和胰島素敏感性，有助於穩定血糖，這點對糖尿病患者格外重要。還能減去脂肪，包括腹部脂肪和包裹體內器官的深層內臟脂肪，同時維持肌肉量，甚至可協助活動量較小的人增加肌肉。

▲ HIIT 據信可提升細胞粒線體的功能（圖中橙色截面），讓粒線體更有效率把氧和養分轉換成燃料供肌肉使用。

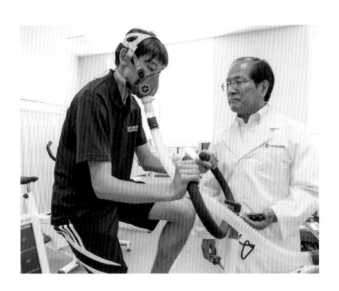

▲ 以田畑泉博士命名的 HIIT 運動法，提升體能的效果優於長時間中強度的運動。

更棒的是《細胞代謝》期刊（*Cell Metabolism*）在 2017 年一項小規模研究指出，HIIT 可提高粒線體的蛋白質產量，遏止細胞衰老。粒線體的功能是為細胞提供能量，但會隨時間退化。肌力訓練等其他運動也有類似作用，但 HIIT 更有效。這項研究同時指出，腦和心臟等各部位的肌細胞會逐漸衰退且不容易替換，所以如果運動可防止肌細胞中的粒線體退化，甚至讓它回春，對其他組織應該也有效。關於釋放腦源性神經滋養因子（BDNF）方面，HIIT 也比連續中等強度運動的效果更佳；BDNF 是種保護神經細胞的蛋白質，可增進神經「可塑性」（形成新連結，

幫助學習與記憶），甚至有助於調節飲食和體重。

HIIT 最大的優點應該是效率：每次運動一小時，也可在 20 分鐘內結束。目前最為人所知的訓練法是 Tabata，每次運動 20 秒、休息 10 秒，重複八次；總共只需要 4 分鐘，但不包括暖身以及緩和。

Tabata 訓練法發明者田畑泉博士 1996 年的著名研究中，受試者每次在飛輪車上運動 4 分鐘，每星期運動五次；六個星期後，受試者的最大攝氧量（VO2max，運動時人體消耗氧氣產生能量的最大速率）提升了 15 ％；以中等強度運動 60 分鐘、每星期運動五次的受試者，VO2max 僅提升 10 ％。此外，Tabata 運動組的無氧能量大幅提高了 28 ％，也就是人體不依靠氧氣產生能量，短時間發揮強大力量的能力，持續運動組則沒有改變。

小投資大報酬

2018 年出版的《一分鐘運動術》（*The One-Minute Workout*），書名聽起來像購物台一樣天花亂墜，但 HIIT

物台一樣天花亂墜，但 HIIT
貨真價實。以這本書的方法每
星期運動三次（每次運動 20 秒
後，緩和 1 至 2 分鐘），12 週
即可提升體能，效果相當於每
星期三次、每次 50 分鐘的傳
統有氧運動。這種運動法的設
計者是加拿大麥克馬斯特大學
的馬丁・吉巴拉博士（Martin
Gibala），也是世界頂尖 HIIT
專家。柯文表示，「HIIT 並非
一時流行，它有堅實的理論，
相關發表也越來越多。」

HIIT 似乎是近年新趨勢，
但其實不是新概念，職業運
動員至少在 100 年前就開始
採用了：1924 年創下 1,500
公尺世界紀錄的芬蘭傳奇長
跑選手帕沃・努爾米（Paavo
Nurmi），就經常做衝刺訓練。
真正新穎的是相關科學研究，
直到本世紀初才大舉展開。
HIIT 一向被視為效力強大的武
器，用於對抗肥胖和第二型糖
尿病等不良生活方式導致的疾
病；而最大的優點是方便，畢
竟一般人最常見的障礙就是缺
乏時間運動。

柯文說，「許多流行音樂不
間斷的健身房和運動工作室也

▲ 芬蘭中距離田徑
選手努爾米採用高
強度間歇訓練，運
動生涯共打破 22
次世界紀錄，贏得
九面奧運金牌。

採用 HIIT，搭配循環訓練或飛
輪課程，這種方式很吸引人，
和在操場單調地慢跑一小時完
全不同。」

這種多樣化正是 HIIT 造成
轟動的原因。「因為（運動之
間）可以休息，所以能以更長
的時間和更高的強度運動，如
果你做 10 回合每次 2 分鐘運
動區間，實際上就成功運動了
20 分鐘；其他運動方法可能
就無法持續。」

提高強度使身體難以供應
有氧運動所需的氧，迫使身體
以厭氧系統製造能量，而在緩
和區間，身體又回復使用有氧
系統。循環數次之後，快速釋
放的能量來源磷酸肌酸和肝醣
（儲存在肌肉中的葡萄糖）耗盡，

▶ 有越來越多的證據指出，重複短時間高強度運動燃燒腹部和內臟周圍脂肪的效果，優於較容易長時間持續的運動。

少，會開始依靠有氧系統；有氧系統則以脂肪持續但緩慢地釋放能量。就算無法達到一開始的強度，也有一箭雙雕的效果。柯文說，「我們實質上同時使用厭氧和有氧系統，所以兩者都能改善。」

以厭氧方式呼吸可促成連鎖反應。「就像我們追上公車之後會氣喘吁吁，便是在彌補氧氣的不足。」這種運動後超量耗氧燃燒的熱量，比身體本身補充的熱量多 6％ 至 15％，而且 HIIT 的效果比連續運動更顯著。由於必須排除厭氧呼吸過程產生的乳酸和氫離子以及腎上腺素等荷爾蒙，所以需要降低體溫和心率。柯文解釋，「這些

都會增加運動後的身體負擔。」這是我們無法持續做 HIIT 的理由之一，必須適當休息。「可以每星期做三次，但不建議每天做。」

如果在 HIIT 訓練後沒有充分攝取碳水化合物、補充糖原（肝醣），下次訓練就無法達到足夠的強度。柯文說，「事實上，飲食搭配運動才能真正有助減脂，認真訓練但隨便亂吃並不好。」此外，徒手 HIIT 和其他阻力訓練一樣，都會造成肌肉微損傷，需要攝取蛋白質及修復時間。研究指出，運動後攝取 60 克碳水化合物和 10 至 20 克蛋白質，促進肝醣合成的效果最好。

一起來做 HIIT，讓身體的脂肪燃燒起來吧！

這套由人類健康與運動表現中心生理學家柯文所設計的方法不需特別的器材，在家就能輕鬆練習，而且可依照體能狀況增加或降低強度——前提是已有相當程度的運動習慣。柯文警告，「如果沒做過 HIIT、平常活動量很小、身上有舊傷、正在服用藥物或有健康問題，從事這類運動之前都必須詢問醫師。」

暖身 5 至 10 分鐘　暖身相當重要，先慢慢提高心率，從走路換成緩和慢跑或爬樓梯。接著做些緩和的深蹲和弓箭步、靠牆伏地挺身、轉動身體和擺動雙臂等等活動。

注意！
從事新運動前請先詢問醫師！

主要運動

以下每種動作做 30 秒，接著休息 30 秒（踏步或站立），再進行下一個動作，共三個循環。

波比跳 30 秒
（低強度：觸碰腳趾的深蹲跳）

休息 30 秒

弓箭步交互跳 30 秒
（低強度：交替後跨步）

休息 30 秒

休息 30 秒

開合跳 30 秒

休息 30 秒

原地高抬腿 30 秒
（低強度：原地走路）

休息 30 秒

伏地挺身 30 秒
（低強度：雙膝觸地或雙手撐在階梯上）

登山者式 30 秒

調整運動強度

加快或減慢節奏；可以嘗試增加或減少：
30 秒內的動作次數；
各動作間的休息時間；
整套動作的循環次數。

緩和

以 5 至 10 分鐘讓心率降到休息時的頻率。試著倒過來做一開始的暖身步驟，逐漸降低強度。
最後伸展方才運動時用到的肌肉。

▶ 伏地挺身這種有效的徒手運動很適合用於 HIIT 訓練。

▶▶ HIIT 訓練可促進腦部釋出保護神經細胞的腦源性神經滋養因子（BDNF）。

運動風險

　　然而任何事情再好也不能過度，尤其是新手，又沒有專業人士確保運動強度不致過高時，更加危險。《美國實驗生物學會聯合會期刊》（FASEB）一篇研究論文指出，間歇訓練可能使新手的粒線體功能減半。只要一次飛輪課運動過度，就能引發橫紋肌溶解，使肌纖維分解後滲入血液，導致腎臟衰竭。

　　如果做法正確，HIIT 對大多數人而言都很安全，但對久坐、少動的人而言，可能提高冠狀動脈疾病的風險。不過柯文強調，如果剛開始運動或有任何臨床疾病，都應該詢問醫師；他也建議先做六星期的連續低強度訓練，再轉換成三至四次中強度循環運動。

　　即使能以高強度運動六至十個循環，也應該改成連續低強度運動，搭配肌力訓練來維持肌肉量。美國賓州州立大學呼籲每星期不要超過 30 到 40 分鐘，運動時也不要超過最大心率 90％，避免導致受傷、虛弱、疲勞、生病、睡眠失調或情緒低落。

　　另一風險是 HIIT 經常被視為輕鬆方案，但其實並非如此。柯文說，「從事這種運動十分挑戰意志力，不是每個人都能接受。」儘管如此，某些研究依然認為 HIIT 比連續強烈或中強度運動來得容易被接受。可能是因為它沒那麼無聊。芬蘭圖爾庫大學認為 HIIT 可促使更多腦內啡釋放，消除負

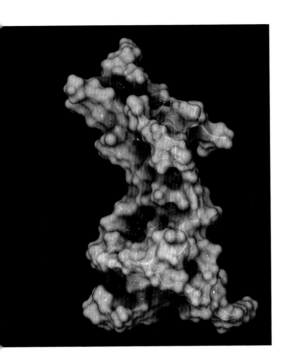

HIIT 可促使更多腦內啡釋放，消除負面感受和強化動機的效果優於中強度運動。

儘管不用花太多時間運動聽來頗有吸引力，又能排除沒空的藉口，但這類運動或許會讓人誤會不用太常運動，但其實多數人都應該盡可能多動。ACSM 也承認，「可能很難單靠 HIIT 達成每星期三天、共 75 分鐘激烈運動的目標。」因此建議改成每星期五天、共 150 分鐘中等強度運動，或是綜合以上兩種方式。提醒讀者，像 HIIT 這樣有效率的運動，不是為了讓我們其餘時間無所事事，而是讓我們能從事更多沒那麼辛苦的活動！（甘錫安譯）

不想做 HIIT 怎麼辦？

如果真的不喜歡或不適合做這套訓練法，或是身體正在恢復中，可以試試以下這些替代方案：

走路 英國劍橋大學指出，每天走路 20 分鐘，就能降低提早死亡的風險將近三分之一，還可改善失智症患者的腦部功能，延長癌症患者的壽命。如果沒辦法經常散步，就提高步速，《英國醫學期刊》的研究認為，一般或偏快的步頻可降低心血管疾病致死的機率。

洗三溫暖 東芬蘭大學發現，在三溫暖待半小時可降低血壓及提升心率，效果和中等強度運動相仿。這種斯堪地那維亞半島的習慣還能降低高血壓、呼吸和冠狀動脈疾病、心臟病突發死亡、阿茲海默症和失智症造成的風險，及降低 C 反應蛋白質（發炎指標）。

泡澡 英國羅浮堡大學發現，泡澡一小時燃燒 140 大卡，少於騎自行車 60 分鐘，相當於走路 30 分鐘，以躺著什麼都不做而言還算不錯。泡澡時抗發炎反應也和運動相當。另外，泡澡後的飯後最高血糖值比騎自行車低 10%，不過洗泡泡澡沒有這種效果！

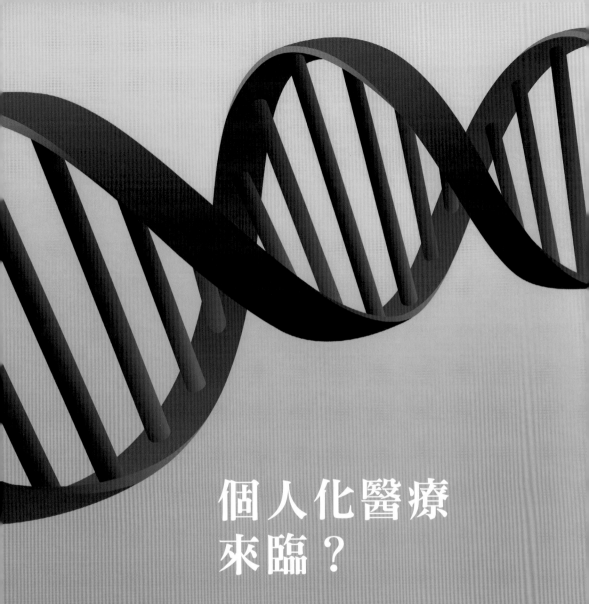

個人化醫療
來臨？

你知道醫師為病人開立的抗癌處方中，高達
75％的藥物對該名病人沒有效果嗎？因為藥物
臨床試驗針對的是一般人，然而每個人及所罹
患的疾病，皆獨一無二，一點也不普通……

作者／湯姆·艾爾蘭（Tom Ireland）
科學記者，亦為英國皇家生物學會總編輯。

▲ CAR T 細胞正在
攻擊癌細胞（黃色
／綠色）。CAR T
細胞是取自病人免
疫系統並經過改造
的細胞。

相較於過去，現代醫學創造了許多奇蹟，卻有個相當大的盲點。儘管每天都有嶄新科學突破或是醫療新進展，醫師都知道，即使是最神奇的特效藥，仍對大部分的病人起不了作用。

醫師開立憂鬱、氣喘和糖尿病等疾病的常用藥物給病人時，大約 30 至 40％的病人無法獲得預期療效；而難以治療的關節炎、阿茲海默症和癌症，無法從療程中獲益的病人比例更高達 50 至 75％。

這個問題源自於研發治療方法的方式。傳統上，如果某種藥物在人體試驗中，對多數具有相似症狀的人產生療效，就會獲得核准；日後便能用這種藥物治療特定症狀，但不會有人過問，那些試驗中未出現治療效果的病人到底發生什麼事。當這項藥物上市，並經由醫師開立給所有相同症狀的病人時，就會像人體試驗時一樣，許多人會覺得這種最新的「特效藥」其實沒有大家所說那麼神奇。

「一體適用」的藥物研發系統雖然找出不少 20 世紀最重要的藥物，如今卻顯得成效不彰、過時而且危險。利用此系統研發藥物時，針對的是「普羅大眾」，然而事實上，我們每個人還有我們罹患的疾病，都是獨一無二的，一點也不普通。而且許多藥物不只對於部分目標病人沒有效果，還可能造成嚴重不良反應。

令人欣慰的是，有個全新的藥物研發方式正在加緊趕上。隨著我們越來越了解人類個體之間的基因差異，醫學專家開始修正醫療保健的建議和治療方法，使醫療更適合個人而非全體。

量身訂製

個人化醫療（又稱精確醫療），參考病人的基因資料以及其他與健康相關的分子層次資料，藉此為他（以及基因特徵類似的病人）設計最佳治療方式。

我們一向認為基因影響的是身高、瞳孔顏色或是否罹患遺傳疾病等等明確特徵，但事實上這些與生俱來的基因組合，會在一生當中以各種微妙的方式影響我們的發育和健康。例如隨著年紀漸長而罹患特定疾病的可能性、我們代謝食物的方式以及對特定藥物的反應。

依據我們現在對基因的了解，參考基因層次的治療看來理所當然，但一

直到近十年 DNA 定序技術突飛猛進，才得以實現。

國際間彼此合作，花費超過十年、投入約 900 億台幣，才在 2003 年解開人類基因體的密碼。爾後不過 15 年，定序一組人類基因體只要數小時就行了，且價格不到三萬台幣。這表示研發新療法的醫師和研究人員，比以前更容易取得基因資訊。

目前這種全新個人化醫療方式，對於腫瘤學（也就是癌症治療）的影響最大，尤其是肺癌治療，精確醫療可說是大獲成功。

抗癌大作戰

醫師多年來老是搞不懂，為什麼常見的抗癌藥物 TKI（酪胺酸激酶抑制劑，可使腫瘤停止生長）只對大約 10% 肺癌病人有效。2000 年代晚期，研究人員檢視病人腫瘤 DNA，發現 TKI 只對 EGFR 基因有特定突變的病人才有作用；這種突變會讓細胞不受控制地生長，而 TKI 會阻斷突變造成的生長效果，使腫瘤縮小。但如果腫瘤源自不同的基因突變，病人反而會因 TKI 承受一連串副作用，且毫無治癒的可能。

幸好後來發現不同的肺癌核心基因，進而改變了診斷程序，不再單純依照癌症的生長區域以及顯微鏡下的情形來分類，而是檢測其中的突變基因，

再選擇治療方式。即使腫瘤在治療期間發生突變，對基因專一性藥物產生抗藥性，醫師仍然可以追蹤基因變化，選擇其他的治療標靶。

還有更精確的抗癌療法指日可待——免疫療法，也就是改造病人自身的免疫細胞，用以攻擊腫瘤細胞。這些稱為CART的免疫細胞，萃取自病人體內，並在實驗室經基因改造，能辨識病人癌症細胞上的特定分子標記，再注入病人體內以攻擊腫瘤。類似療法已在臨床試驗中獲得不錯的成果，並在 2017 年 8 月獲得美國食品藥物管理局（FDA）核可。

個人化醫療對於藥物安全性也有很重要的貢獻。雖然對藥物產生嚴重不良反應的情形看似罕見，但令人訝異的是，它是北美洲第四大死因，占住院總人次高達 7%。這個問題同樣是因為我們總以相同療法，治療各不相同的病人所致。

然而只要做簡單的基因檢測，就可以標記出導致部分病人對特定藥物過敏的關鍵基因，或者檢測病人是否對特定藥物的代謝速度過快，而需要

▼「23andMe」是最先上市的基因檢測組，英國消費者在大型藥局即可購買，它能讓你更了解自己的遺傳性狀和祖源。

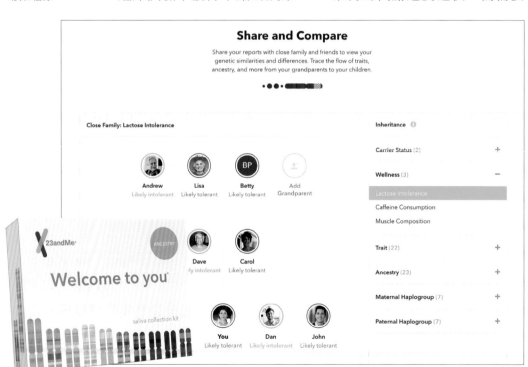

較高劑量。這種方式稱為藥物基因體學，目前在醫院和一般診所仍相當罕見。不過正在研發的新軟體，未來能幫助醫師依據病人的基因組成，決定處方和劑量。也許日後領藥時，藥劑師甚至會先檢查你的基因，再拿適合的藥給你。

資料導向

個人化醫療不只與基因有關，未來還會取得並判讀病人各種分子層次的相關資料，達到過去不及的精確醫療。

加拿大英屬哥倫比亞大學的生化學家、著有多本個人化醫療書籍的彼得·卡利斯教授（Pieter Cullis）說，「現在已有技術可以透露你的基因體、蛋白質體組成、代謝概況，還有個人微生物體等等細節，而且越來越多人能夠負擔這筆費用。」

他補充，「分析基因可以獲得許多資訊，但你的基因不會隨時間變化，因此無法得知你是否已經罹患特定疾病，或者你接受的療法是否有效。不過透過血液中的蛋白質或代謝物，便能即時掌握身體狀況的趨勢，或是使用中的藥物是否產生預期效果。」

科學家只要有血液檢體，就能在明顯生理症狀出現之前，及早偵測出大部分常見疾病的化學線索——「生物標記」。例如許多胰臟癌病人是在症狀出現之後才被確診，這時疾病多半已嚴重惡化；胰臟癌甚至有可能長達15年才出現症狀，然而在這之前，其實已釋放暗示可能出現胰臟癌的生物標記，只要做分子檢測就可得知。

依據卡利斯的說法，結合強大的電腦計算能力、基因和生醫相關的龐大資料庫及眾多高明的基因專家，就能徹底改革醫療程序。「我們正在從以疾病為導向的醫療方式，轉變為預防性醫學。」他說，「在這些疾病發生之前或早期階段，就把它們揪出來。」

全美兒童醫院基因體學教授、個人化醫療專家伊蓮·瑪迪斯博士（Elaine Mardis）稱此為「精確預防」。她說，「這是指更加頻繁地監測及篩檢易罹患特定疾病的民眾。舉個最極端的例子，如果病人罹患的是會增加DNA突變率或造成DNA修復機制功能不全的疾病，都會提高他們日後罹癌機率，醫師便能事先讓他們接受可延緩癌症的療法。」

目前有種針對腎臟癌、口腔癌以及卵巢癌等多種疾病研發的類似療法，稱為「癌症疫苗」，這是專為病人量身打造的療法，可幫助人體對特定癌症產生「免疫作用」，瑪迪斯說，「我認為這可以說是癌症治療中，最極致的精確療法。」

基因體定序

「全基因體定序」也就是讀取人或生物的完整 DNA 序列，得到一長串由 A、G、T 及 C（個別代表不同含氮鹼基）組成的序列。人類基因體序列大約由 34 億個鹼基對組成，在這些基因密碼中，許多片段沒有明顯功能，因此定序常常針對基因體中含有功能基因的部分（外顯子組），或是只用來了解有變異或值得關注的重要片段。

首先必須從細胞檢體中抽取 DNA 並加以純化，如果只獲得極少量 DNA，可以利用化學製劑「增量」，讓研究人員有足夠的樣本得以作業。為了取得人類基因體中一連串的化學單位序列，必須將這些純化並增量後的 DNA 切成數千個片段，利用電流將這些不同大小的片段區分開來。在傳統 DNA 定序技術中，這些片段會以「條帶」的印記呈現在影像上。

過去必須辛苦地用肉眼分析這些條帶，並且一次只能判讀一種字母；現在有了厲害的高通量定序儀，可以大幅縮短定序時間。

▼ 裝訂成冊的人類基因體序列。人類基因體由 34 億個鹼基對組成，需要超過 100 本書、每本 1,000 頁的篇幅才能承載。

▶ 卡利斯相信，個人化醫療將成為預防癌症等疾病的重要方式。

不只是癌症

除了癌症，個人化醫療也涉足其他領域。英國惠康信託桑格研究院近年指出，最常見也最危險的白血病並非單一病症，而是 11 種對治療各有不同反應的疾病；人類免疫不全病毒（HIV）和 C 型肝炎病毒也有許多品系。收集病人的基因體資料以及分析體內病毒，可以幫助醫師決定該以何種藥物組合來治療特定品系造成的疾病，而且病患比較不會出現副作用；這非常重要，因為讓人不舒服的副作用會導致部分病人不願意繼續接受治療。這種雙管齊下的方式，使加拿大 HIV 感染者的死亡率降低了 90％。

對於難以治療的阿茲海默症，可由基因分析得知疾病亞型，以及如何治療才有最佳效果；還可藉由微妙的化學線索，在症狀不明顯時就診斷出來，讓醫師提早為病患治療。

雖然有這些令人興奮的研究以及深刻的成功案例，目前英國醫療保健體系中，仍只有少數人能夠進行個人化醫療所需的專業生物分子分析。英國國家健保局（NHS）等大型衛生單位，還沒準備好收集並分析腫瘤科病人以外的生物分子資料。曾接受基因體定序的人占總人口的比例實在少之又少，畢竟個人化醫療往往被當作最後手段，或者只用於少數幸運獲選臨床試驗的病人。

不過事態漸漸在改變。英國「10 萬基因體計畫」已定序大約七萬名癌症患者或罕見疾病患者及其家人的基因體，NHS 也在近年發表了個人化醫療策略，協助更多領域的衛生醫療體系正式採納精確醫療。

2015 年，當時的美國總統歐巴馬發起全球最大型的精確醫療計畫，目的是到 2020 年，要招募並收集 100 萬名自願者的基因定序資料。依據卡利斯的說法，2015 年美國核准的藥物當中，大約 40％屬於「個人化」藥物，也就是需要搭配基因檢測，確保能夠精確作用於標靶。卡利斯說，「癌症領域已發生轉變……未來這些公司會定序你的腫瘤基因體，找出最適合你的療法。」

▼ 歐巴馬任職美國總統時，提出精確醫療計畫，打算為100萬名自願者進行 DNA 定序，並持續追蹤他們的健康狀況。

醫師新角色

如果要讓所有醫療保健領域都採用個人化醫療，需要大幅重整各體系人員和結構。「個人化醫療有一大部分著重於預防醫學與治療，這是醫療保健體系從未關注的領域。」卡利斯說，「這將造成大規模變動，不只需要醫師，還需要許多受過生物分子分析訓練的人員。而率先接受這類醫療的人會是那些能夠自行負擔醫療費用的病人。」

卡利斯預見未來數十年，人們可能不再看醫師，而是定期向「分子顧問」諮詢。只要將血液檢體資訊上傳，分子顧問會分析血液中的生物標記，再依據個人基因組成，透過線上通訊軟體提供建言，推薦客戶適合的治療方式。「分子分析將對醫師造成顛覆性影響，」卡利斯說，「它將取代診斷和開立處方的程序，而醫師將變成你的健康教練，負責讓你保持健康，並注意你是否出現某

如果真能兌現所有個人化醫療的好處，那麼看病這檔事可能會與現在大相逕庭。首先，可能是你的醫師要求與你會面……

• 為了持續追蹤即時健康狀況，你必須定期將血液或其他檢體資訊上傳至網路，讓專家進行遠端分析。

• 在具有資料重整能力的演算法協助之下，分析師能夠在出現首個（與疾病或健康不佳相關）化學徵兆時，或完全沒有任何症狀之前，立即通知你的醫師。

• 有了你的分子資料、基因組成、家族史以及相似病人的相關資訊，醫師甚至能在你覺得不舒服之前，針對你的病情和基因組成，安排最適合的療程。

• 治療期間也會持續監測你體中相同的基礎分子，以及疾病發展，以便隨著你的身體反應，調整療法。

• 如果分子分析技術夠先進，也許還能透過網路通訊軟體等方式，完成多數診斷和治療決策程序。

些徵兆，需要更常出門走走或改變飲食等等。」

那麼，是時候將自己的基因體拿去定序了嗎？不，時機尚未成熟。「現在定序基因體大約需要三萬台幣，附帶分析資訊大約需要六萬。」卡利斯說，「我定序了基因體，但並沒有得到真正有用的資訊。定序結果告訴我，我在年輕時容易受到感染，可是我已不再年輕。」

不過隨著現代醫療保健體系將基礎建設的重心放在生物資訊和基因醫學上，未來醫療一定會繞著你的基因打轉。「基因體定序將會越來越便宜，」卡利斯說，「而且只要做一次就夠了。當各體系就定位後，未來每當你去看醫師，定序結果都能提供重要資訊。」（賴毓貞譯）

▶▶▶ **Find Out More**

ubbc.in/2wxyeA8 收聽 BBC 線上廣播節目《Inside Health》，討論 NHS 是否能夠實現個人化醫療應有的效益。

醫學治療性別化？

男性和女性的生物特質截然不同，醫師卻為每個人開立相同的藥物和劑量，然而這麼做可能有害，甚至致命……或許該是對男女採用不同治療處方的時候了？

作者／賽門・克朗普頓（Simon Crompton）
科學新聞記者，曾任英國《時代》雜誌醫學編輯。

安眠藥安必恩（ambien）非常受歡迎，是全世界最常用於治療失眠和時差的藥物之一，它在 1992 年獲准上市，然而十年後開始出現令人擔憂的報告。使用者（尤其是女性）用藥後會出現奇怪行為，事後卻完全沒有印象。報告指出有些人晚上服藥後，隔天早上駕車時發生車禍。

另有研究發現，服用安必恩的女性比男性更容易出現副作用。2013 年美國藥物主管機關證實安必恩的處方確實有問題：製藥商提供的建議劑量比女性實際應該接受的劑量高了一倍。當初執行以上市為目的的前導研究時，並未區分性別，使得社會大眾花上兩年才意識到女性代謝安必恩的速率明顯比男性慢，體內殘留的藥物致使女性使用者早上起床後，昏昏欲睡、糊里糊塗，也容易在駕車時發生事故。

25 年前並未將「女性的藥物劑量可能與男性不同」視為理所當然，如果你覺得這簡直不可思議，那麼顯然現在依然沒有改變。「女性可能需要與男性不同的療法」這個概念直到過去十年，才在主流醫學中占有立足之地。性別醫學這個新領域並不是隨著＃ MeToo 反性侵性騷運動浪潮而興起的小眾女權運動，而是以紮實的科學為基礎，重建整個醫學體系，過程中一併改造男性醫療狀況。

男女大不同

　　長期以來，醫學上將女性視為「多了乳房與陰道的男性」，「女性健康」就成了與女性生殖器官有關的領域，直到 21 世紀初才有證據顯示女性心臟病發作的症狀與男性截然不同，使得老派「比基尼醫學」（將女性醫學視為只與比基尼遮蔽的身體部分有關的論點）的前景受到嚴重威脅。

　　由心臟研究專家提出的心臟病發作典型症狀：胸部悶痛、手臂刺痛、頭暈，實際上全屬於男性症狀；女性則是出現呼吸短促、疲倦、噁心和顎部或背部疼痛等其他徵兆。然而這些女性症狀（可能是因為女性冠狀動脈不同的阻塞模式所造成）卻不曾出現在研究文獻，也未獲醫師認可，導致不少女性死於心臟病發作。

　　自 20 年前開始，出現一連串證據指出男性與女性在生物學上的

男女有別：性別醫學差異

感染　男性荷爾蒙睪固酮傾向於削弱免疫系統對感染的反應，女性荷爾蒙雌激素則會增加免疫細胞數量並強化反應。常有男人將小感冒誇大成得了流感一樣，或許就是因為男性在對抗感染時特別費力。

免疫系統　女性較容易罹患因為免疫系統攻擊自身而造成的疾病，例如狼瘡、類風溼性關節炎和多發性硬化症。自體免疫疾病的患者中，女性大約占 78%。

疼痛　不斷有研究指出，男性與女性對疼痛感受有別。女性對痛覺刺激通常比較敏感，忍受度也較低。外科手術的研究顯示，也許有部分是因為女性皮膚裡的神經受體細胞比較多。

疾病　阿茲海默症的女性患者多於男性，症狀也不相同。女性常出現行為變化和憂鬱，男性則出現肢體障礙和攻擊性。心理疾病的差異如女性躁鬱症患者更容易同時出現躁症與鬱症的「混合型」發作。

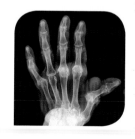

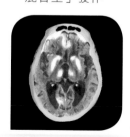

差異根深蒂固，需要採用不同的診斷與治療方式。例如女性的免疫反應比男性更快、更強（因此男性明顯較容易死於傳染病），但是較容易罹患類風溼性關節炎等自體免疫疾病，且男性與女性在代謝、疼痛體驗以及罹患阿茲海默症的可能性都不一樣。

值得一提的是，生理性別與社會性別雖然意義不同，但其實息息相關。「生理性別」是指男性與女性之間在生物學上的差異，「社會性別」則是社會、環境以及生物學特性塑造而成的個人性格或認同意識。性別醫學包含了這兩種意義，同時考量環境對女性健康的影響，以及她們所能接受的治療方式。

兩性間的差異在出生之前就存在了。從胚胎開始，睪

▼ 醫學將發生大變革，出現更多專為男性或女性量身訂製的產品。

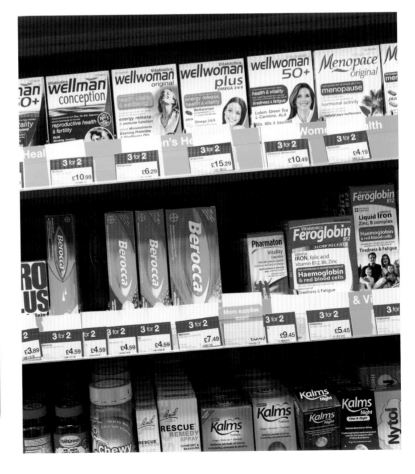

腸道功能 女性消化食物與藥物的時間可能是男性的兩倍。女性較容易罹患膽結石（如下圖紅色處）和大腸激躁症。此外近期挪威的研究指出，女性吸菸者罹患大腸癌的風險高於男性吸菸者。

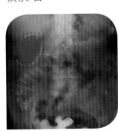

固酮和雌激素等男性和女性荷爾蒙就參與了腦部和器官發育。亞歷珊卓·考茲奇韋勒教授（Alexandra Kautzky-Willer）是奧地利維也納醫學大學性別醫學小組的負責人，她說，「相較於男性，女性的荷爾蒙在人生每個階段總是持續波動，這是很重要的差異，也對女性健康有深遠影響。」

比細胞還微小的層次都可見兩性差異。每個人每顆細胞中都含有大約兩萬個基因，雖然兩性擁有的這些基因幾乎相同，不過以色列魏茨曼科學研究院在 2017 年發表的研究結果顯示，大約三分之二的基因在男性與女性體內有不同的活化（表現）情形。例如研究團隊發現男性皮膚中，許多表現量高的基因與體毛生長有關。整體而言，參與其中的因子多不勝數。考茲奇韋勒說，「兩性之間的生理差異是由基因組成、荷爾蒙、表觀基因（環境對基因表現造成的影響）以及社會因子所造成的。」

考茲奇韋勒的研究專長是糖尿病，她發現如果男性的母親在懷胎期間生活艱困，日後這些男性比較容易罹患糖尿病。她也探討用以診斷糖尿病和心臟病的血液檢測，是否應該依性別區分。基於有關男性與女性血液化學差異的新發現，她看到越來越多有說服力的論點顯示男女確實有別。

「診斷相同疾病時，也許需要設定不同的正常值，甚至採用不同的生物標記。」她說，「目前診斷糖尿病時，會檢測平均血糖值 HbA1c（糖化血色素）以及空腹葡萄糖，不過我們現在知道女性這兩項數值都低於男性。如果進行口服葡萄糖耐受檢測，女性不符標準的機率會高於男性。」

以偏概全

幾乎所有醫學領域都有相似體認：需要性別專屬的檢測方式和治療方法。證據顯示：許多心臟用藥和暈車藥在女性身上的效果不如男性；女性對抗組織胺藥物較敏感；阿斯匹靈在預防中風上對女性較有效，預防心臟病發作時則是對男性較有效；女性消化藥物的時間可以是男性的兩倍。

這些差異顯然是生死攸關的大事，雖然專家不太願意說明可能有多少女性因為症狀不明、接受不當的檢測或治療而喪命；有人推測約有幾十萬名，而專家並未否認。到底是怎麼形成這個局面的？為什麼醫學界能夠以「男女都一樣」的原理運作了這麼久？

因為過去幾乎所有研究，無論是利用細胞和動物的基礎科學研究或者是新藥的人體試驗，都是在雄性個體上進行。美國杜克大學臨床研究中心在 2010 年的研究顯示，冠狀動脈疾病試

驗的受試者當中，只有四分之一為女性。美國布朗大學急診醫學助理教授艾莉森・麥奎格醫師（Alyson McGregor）表示，過去一個世紀以來的醫學科學都只以一半的人口作為基準，像她這樣的醫師總是定期訂購相同的檢測套組和藥物（都未考慮患者性別），因為沒有人告訴他們還有其他方式。

她說，其中原因比明顯以男性為主的醫學史還要複雜。在1970年代早期，美國採取了一些有影響力的法律行動，避免育齡婦女等弱勢族群接受可能有害的醫學測試。

「這基本上排除了科學試驗納入女性受試者的可能性。」

▲ 美國布朗大學性別醫學專家麥奎格，正努力促使醫學界改變對男性及女性的治療方式。

麥奎格說，「當時普遍認為女性與男性非常相似，所以人們說：『那就以男性進行試驗，再將結果運用到所有人身上。』許多原始研究就這麼形成了。」

到了 1990 年代，有人發起了法律行動促使人體試驗納入女性，使得結果更具代表性。麥奎格說，「但這還不夠，因為如果只是將結果混為一談，對兩性都不適用。有些試驗顯示，同一種藥物可以對男性有正面效果，對女性卻是負面效果。如果只是合併結果，我們將永遠不會發現其中差異，也失去重要的臨床意義。」

情勢翻轉

麥奎格和考茲奇韋勒這些性別醫學的佼佼者認為現在需要醫學研究革命，以確保各種藥物或療法的人體試驗，都能有系統地分開收集男性與女性的資料。

然而費用是一大障礙。藥物研究在性別醫學領域進展緩慢的原因之一，是試驗若納入女性會比男性更花錢，因為女性有明顯的荷爾蒙波動，相較於確認男性的藥物反應時，女性要確認許多次（依據她們當下的生理週期）。同樣原因也造成採用母鼠比較花錢而較少使用：美國加州大學於 2011 年研究指出，醫學研究使用的動物中，雄性數量是雌性的五倍。

「然而分別對男性與女性進行試驗是道德義務（無論花費），當然還需考量其他潛在代價。如果你花了 300 億台幣讓某種藥物上市之後，發現它對女性有害，可能必須將藥物下架。」麥奎格說，「我認為如今無法避免這樣的趨勢。研究人員在設計試驗時，必須能夠判定男女是否會出現不同反應，接下來提供經費的單位需要確保試驗全程確實考量了所有可能的性別差異。審查委員會、期刊以及同儕審查系統都必須這麼做。」

許多醫學院校的課程已經納入了性別醫學，麥奎格稱之為「醫療照護卓越發展的新典範」。她的意思是性別醫學並非只關乎女性，而是同時改善了男性醫療。畢竟目前的人體試驗將男女混為一談，因此試驗結果對男性而言可能也不準確。

醫學轉型期間，收集不同性別的詳細資訊是廣泛進程的一部分，產生的報告也並非依據平均法則，而是各族群的資料如男性或女性、黑種人或白種人、年輕人或老年人。一旦建立了知識庫並普遍傳播，也許醫療體系會截然不同。

麥奎格麾下的急診室初級醫師已經採用「性別分類法」，也就是自病人踏入診間的那一刻起，即考量患者性

別對疾病本身的表現可能有何影響；診斷疾病時，依據病人的生理性別選擇檢測方式，且於判讀時採用性別專屬的標準值範圍；開立處方也依據性別選擇劑量。

考茲奇韋勒表示，當藥廠開始在新藥大型試驗中例行納入性別考量時，將是醫療的一大進步。「雖然很花錢，不過只有藥廠願意才辦得到，因為只有他們能負擔如此規模的試驗。」她表示藥廠也必須持續進行安全性試驗，直到對於男性及女性均獲得明確的結論為止。現階段，如果藥物在以男性為主的樣本中看似安全，會「傾向」相信此結果同樣適用於女性，而試驗就此結束。

如今越來越多研究人員（男女都有）參與性別醫學，考茲奇韋勒樂觀地認為情況將日漸好轉。「這是很廣大的領域，每人都必須參與其中。」接著說，「性別醫學不是女權主義，它是真正的科學。將會有越來越多相關研究，也越來越多人關注，未來病人將能從中獲益。」看來比基尼醫學時日無多囉！（賴毓貞譯）

藥物相同，結果不同

其他會影響藥物對人體作用的因子：

年齡 嬰兒與老年人的肝、腎功能可能效率較低，無法有效分解藥物，容易累積在身體組織，導致藥效延長而增加發生副作用的風險。

態度 樂觀的人對止痛藥的反應比較好，因為有較強的安慰劑效應。如果過去經驗使你預期某藥物可能有效或沒效，也會影響其效果。

體型 體型較大的人通常需要較多藥物才能達到與較小體型的人相同的藥效。有研究指出，抗生素、排卵藥、避孕藥和緊急避孕藥可能對肥胖的人沒有效果。

整體健康 並存的疾病會影響藥物在體內的處理過程。如果你有服用其他藥物，可能會干擾新藥的作用。此外如果你長期服用某種藥物，可能會對它產生耐受性。

基因 有些藥物在某些人身上特別有效，如今日益了解族群裡的基因變異（基因多型性）是其中的主要原因之一，會影響酵素是否能完整分解藥物。

Do not touch,
cause leakage

男性避孕藥有望上市？

婦女實施生理或物理性避孕機制，已有半世紀之久，
如今很多男性希望能為伴侶盡一分心力，
究竟男性避孕藥還要多久才能問世？

作者／凱特‧亞尼 (Kat Arney)
自由撰稿人和編輯，推特帳號是 @Kat_Arney。

50 多年前，第一個女性激素避孕藥 Enovid 通過美國食品及藥物管理局（FDA）核准，英國隨後於 1961 年核准。爾後婦女廣泛用它調節生育和健康，全世界每天消耗數百萬顆藥丸，僅僅五年便引發了社會巨變。

如今，女性擁有眾多可靠且可逆式控制生育的選擇，包括子宮內避孕器（IUD）、避孕貼片、避孕針和植入避孕器。而男性只有兩種選擇：第一種是保險套，實際運用的失敗率高達 15%，而且很多伴侶不喜歡使用；第二種是輸精管切除術，切斷將精子從睪丸傳送到陰莖的輸精管，術後雖然有機會恢復生育能力，但不一定會成功。那麼，為什麼不開發男性服用的避孕藥？

相較於女性避孕藥的發展，男性避孕藥的開發歷程顯得起起伏伏，其研究可追溯至 1950 年代，當時身為女性

避孕藥共同發明者的美國生物學家格雷戈里・平克斯（Gregory Pincus），發現人工合成的男性激素睪固酮，能關閉精子製造程序，就像女性避孕藥內含的女性激素能停止排卵一樣。

「男性激素避孕藥的生理學和科學原理與女性避孕藥相似。」美國華盛頓大學男性生殖生物學專家史蒂芬妮・佩奇（Stephanie Page）解釋，「額外提供男性睪固酮，會阻礙睪丸等器官製造該激素。由於男性體內血液中仍然含有大量睪固酮，並不會影響身體其他部位。但是，精子發育時最終需要高達 100 至 1000 倍的睪固酮才能成熟，因此睪丸中睪固酮的不足，將導致精子無法順利完成發育。」

阻止精子發育

美國明尼蘇達大學的化學家岡達・格奧爾格（Gunda Georg）採取另一種做法，她和同事正在研究名為烏巴苷（ouabain）的化學物質，這種來自植物的強效毒素最早被東非部落塗抹在獵箭尖端。烏巴苷的作用機制是阻斷「鈉鉀離子轉運蛋白」的分子，這種蛋白質通常能幫助細胞調控鹽離子的出入。有趣的是，鈉鉀離子轉運蛋白複合體當中有種特殊的「α4 單元」，只存在於精子細胞的轉運蛋白，體內其他部位完全沒有它的蹤跡。

「當我們移除雄鼠 α4 單元的基因編碼時，發現牠除了不育之外，各方面都相當正常。」格奧爾格說，「這些雄鼠甚至能正常製造精子，但是精子無法順著輸卵管，游至卵子所在，也無法進行最後的扭動動作好讓卵子受精。這項研究顯示，如果我們能開發出選擇性阻斷 α4 單元的藥物，便有潛力將之開發成男性避孕藥。」

為了激發研究創意，格奧爾格和團隊鑽研教科書，尋找修飾烏巴苷化學結構的方法，希望能讓它專一影響 α4 單元。他們調整分子結構後，利用大鼠測試效果。不可思議的是，他們第一次就中了大獎。她笑道，「事實證明，我們找到一種非常有效的化合物，即使低劑量也具有很高的活性，還能以口服給予。當然，首度嘗試就能達到這樣的效果，讓我們相當興奮！」

目前，研究人員只透過實驗動物測試這種新藥，結果顯示它似乎能降低 50 至 60% 的精子活力。然而，在進入人體臨床試驗之前，格奧爾格和同事需要解決一些問題。首先，他們希望繼續研發更有效的藥物，讓藥物在更低劑量下仍然有效。下一步是進行長期動物交配的實驗，了解這種藥物是否能有效預防懷孕，以及是否有潛藏副作用。更重要的是，他們必須確認藥物作用是可逆的，而且不會導致後

女性避孕藥的發展簡史

  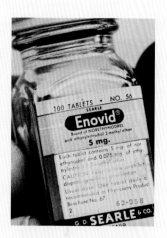

女性避孕藥源於 1950 年代，當時美國研究人員格雷戈里·平克斯（上圖左）在尋找干擾動物生育能力的化學物質，他發現給予雌性動物一定劑量的黃體激素（一種性激素），可以停止排卵程序，抑制卵子的釋放。

平克斯與婦產科醫生約翰·洛克（John Rock，上圖中）合作，洛克當時針對女性進行化學避孕藥試驗。他倆後來獲得來自婦權主義者暨生物學家的凱瑟琳·麥考密克（Katherine McCormick）資助。與此同時，化學家卡爾·翟若適（Carl Djerassi）於墨西哥研究，想要利用非食用性山藥製造人工激素，最終他成功製出一種合成黃體激素：炔諾酮（norethindrone）。

Enovid（上圖右）結合了人工雌激素和黃體激素，1954 年首次於美國麻州進行臨床試驗，1956 年在波多黎各進行大規模研究。FDA 最初核准用於治療月經失調，最終在 1961 年核准其作為女性避孕藥。

由於女性希望掌握生殖選擇權和維持健康，避孕藥銷售額迅速增加。從那時起，全世界數百萬女性都採用了激素避孕措施，市面上亦有許多型式可供選擇。激素避孕藥對於預防懷孕非常有效，只要正確服用，避孕率幾乎可達 100%，同時可用於治療經期不規則或經痛。

由於大眾日益擔憂早期臨床試驗未能找出避孕藥潛在副作用，使用率因而稍微受到影響。截至 2010 年，已經有一千多起未決訴訟，聲稱多種避孕藥可能導致血栓、心臟病發作和中風；大量研究指出它可能提高罹患乳癌和子宮頸癌的機率（不過它也可能減少子宮或卵巢腫瘤的發生率），還有研究指出，利用激素避孕可能影響心理健康，甚至可能增加自殺風險。

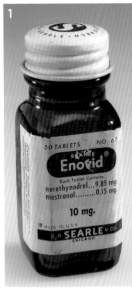

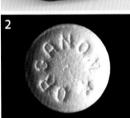

1 「Enovid」是首
創的女性激素避
孕藥,目前的版
本比早期含有更
低劑量的激素。

2 男性避孕藥議題
由來已久,其原
型藥物在 2001 年
便出現了。

3 1970 年,社工為
前來諮詢的民眾
解說避孕藥。

4 平克斯致力於開
發避孕藥,發現
男性激素也可以
阻礙精子生成。

5 顯微鏡下的睪固
酮晶體。

代產生任何先天缺陷或其他健康問題（一旦有此類疑慮，該藥物便失去進一步發展的機會）。

零激素

開發男性避孕的另一方法是干擾睪丸內部「管道」，避免射精時送出精子。澳洲蒙那許大學的沙布·文杜拉（Sab Ventura）的團隊為了進一步探究這個策略，申請了「男性避孕倡議」組織提供的 15 萬美元研究資助；這個非營利組織致力於提升大眾對男性避孕藥的認知。

「射精前，睪丸裡的精子會沿著輸精管移動到陰莖末端，」文杜拉說，「我們試圖干擾神經信號，好讓輸精管周圍的肌肉不要收縮，這樣一來，男性仍然享有愉快的高潮，卻不會射出精子。」文杜拉正在研究一種藥物組合，藉此完全阻斷兩種神經信號，也就是被稱為神經傳遞物的 ATP 和去甲腎上腺素（noradrenaline）。

「我們採用的策略不是影響激素，因此藥物試驗中不會出現令人排斥的副作用。」他說，「它不會影響精子發育，只會影響精子行經的管道，我們將會檢驗用藥後精子狀態是否仍然良好，能否在體外讓卵子受精。我們推論這個作用可逆，日後造成新生兒畸形的可能性也很小。」

市場趨勢

儘管研究人員取得進展，但如果男性避孕藥沒有市場也難以推動。

2011 年，英國劍橋地區的社會科學家蘇珊·沃克（Susan Walker）調查 54 名男性和 134 名女性對於男性避孕藥的態度，這些受訪者都採用過某種避孕方法。將近一半受訪者表示樂意服用男性避孕藥，但他們也表達對於健康風險的影響和長期生育能力的疑慮。

此外，超過 40% 受訪者擔心忘記服藥，針對這點女性比男性更為關切。橫跨數洲的大型研究也得出相似結論，顯示比起注射、避孕針或其他方法，男性更偏好服用避孕藥。

儘管許多男性表態願意服用避孕藥，但是目前仍須克服監管措施和研究經費。由於市面上還沒有男性避孕藥，FDA 等機構難以確認男性避孕藥的藥效和接受度。雖然高效男性避孕藥有很大的潛在市場，但製藥公司並不願意為了取得核准，大量投資並推動候選藥物進入大規模臨床試驗。

沃克認為這種情況可歸結為男性和女性避孕的風險差異。「服用女性避孕藥的人是因為意外懷孕會對女性身體和生理造成巨大影響，儘管男性可能也會因此在社會、心理和經濟方面受影響，他的身體卻不會有明顯改變；因此我們談論的是不同的風險基礎。」

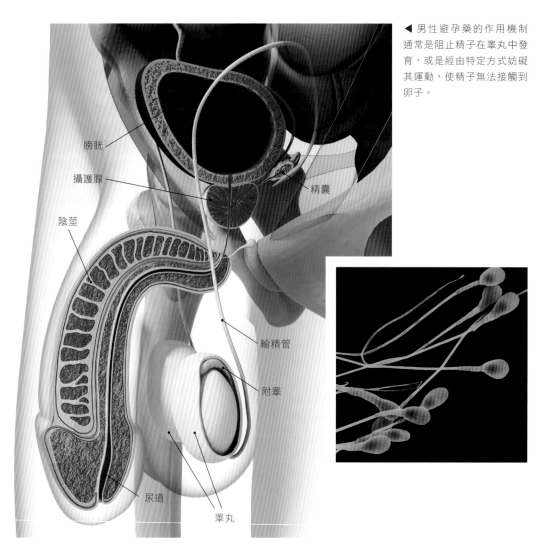

▶ 男性避孕藥的作用機制通常是阻止精子在睪丸中發育，或是經由特定方式妨礙其運動，使精子無法接觸到卵子。

膀胱

攝護腺

陰莖

精囊

輸精管

附睪

尿道

睪丸

她也點出，分娩過程也有可能讓女性面臨嚴重健康問題甚至死亡。

她補充，「我們必須根據用藥者的健康狀況和其他可能疾病，來判斷不同類型避孕措施所伴隨的健康威脅，是否超過懷孕的風險。我們還沒有機會針對男性避孕藥進行這種微妙的風險計算，因為到目前還沒發展到那個階段。」

任何避孕藥都無法預防性傳播疾病，因此保險套仍是面臨此類風險的必要措施。但開發男性避孕藥的最終關鍵在於提供男性承擔更多預防懷孕的機會，也給他們更多避孕的選擇，尤其當女性伴侶無法透過其他形式避孕。「我們認為現在正是推動男性避孕藥

男性避孕的替代策略

1 草藥療法 中國植物尖尾鳳（*Justicia gendarussa*）的化合物 gendarussa（或 gandarusa），被認為會阻礙受精，目前正在印尼進行小型臨床試驗。另一種有潛力的男性避孕藥是 pristimerin，來自古老藥用植物雷公藤。

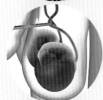

2 阻斷輸精管 可阻止精子沿著輸精管移動，做法是先注射一種聚合物，再注射另一種化學物質或是使用超音波促使聚合物分解。最著名的是避孕凝膠 Vasalgel，已經成功測試於實驗猴，預計很快會進入人體臨床試驗。

3 清除精子 這種讓肌肉麻痺的實驗性藥物，能排出輸精管中的精子，導致「乾式」高潮。這種藥物由前倫敦國王學院的研究員納梅卡‧阿莫比（Nnaemeka Amobi）開發，目前因為缺乏資金而停滯不前。

4 干擾精子發育 JQ1 最初開發是治療睪丸核蛋白（NUT）中線癌（一種罕見癌症），針對致病的一種缺陷分子。不過，JQ1 也能干擾精子細胞組織 DNA 時的必需分子，阻礙精子正常發育。

5 避免精子生成 精子生成過程需要穩定供應視網酸，這是維生素 A 在體內分解時產生的化學物質。控制睪丸中視網酸的生成和運用，例如透過阻斷分解維生素 A 的酵素功能，也許是開發男性避孕藥的新思路。

的好時機，因為男性比過去更願意思考自身的社會責任，以及他們想從伴侶關係中獲得什麼，甚至是管理自己的生育能力。」

佩奇說，「我們低估了男性其實很想進一步參與，只是他們現在受限於不怎麼好的方法，基於男性對於掌控生育能力以及對於分擔懷孕責任的需求，我們得提供更多可行的避孕選擇。」（林雅玲譯）

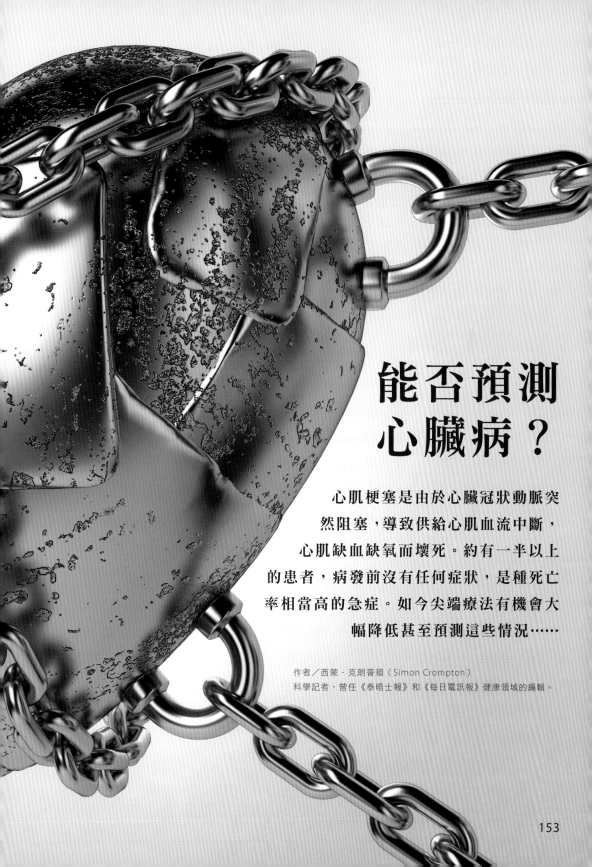

能否預測
心臟病？

心肌梗塞是由於心臟冠狀動脈突
然阻塞，導致供給心肌血流中斷，
心肌缺血缺氧而壞死。約有一半以上
的患者，病發前沒有任何症狀，是種死亡
率相當高的急症。如今尖端療法有機會大
幅降低甚至預測這些情況……

作者／西蒙・克朗普頓（Simon Crompton）
科學記者，曾任《泰晤士報》和《每日電訊報》健康領域的編輯。

醫學領域在 1976 年有項重大突破。英國研究人員麥可·戴維斯（Michael Davies）發現，心臟病發作肇因於心臟表面的動脈中有血栓；這項發現毫無疑問挽救了許多生命。如今經常使用減少血液凝塊和膽固醇的藥物，以及精巧的動脈擴張手術，預防動脈阻塞，從而阻止心肌缺氧引發的心肌梗塞。

50 年前英國公民死於心臟疾病（由於心臟表面血管裡累積脂肪斑塊所引起的心臟病）的比例，比現在還高四倍，不過心臟疾病和心肌梗塞至今仍然是西方社會最大的殺手，每七名英國男性就有一名死於心臟疾病，女性方面的心臟病致死率則是乳癌的兩倍。終結心臟病發作曾是遙不可及的夢想，所幸研究人員開發出嶄新技術，也更加洞悉為何有些人較容易罹患心臟病，如今遊戲規則正在改變。

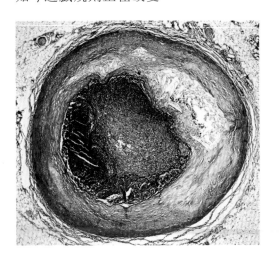

「終結心臟病發作絕對是我們現在可以努力的方向。」倫敦國王學院的分子心臟病學家暨英國心臟基金會醫學副主任梅廷·阿夫基蘭教授（Metin Avkiran）說，「我們必定能發揮更大的影響力。」

科學家的目標很明確：精準預測誰最可能心肌梗塞，並盡早採取行動，防止動脈受損和阻塞，不再讓心臟病威脅性命。眾多發展正在醞釀，包括使用遺傳數據作為早期預警系統、藉由人工智慧分析心臟掃描結果，以及可注入體內偵測阻塞的分子探針。再過幾年，還可用人工抗體阻斷引發心肌梗塞的蛋白質和發炎反應；研究人員甚至在研發一種可預防心臟病發作的疫苗。

計算風險

家醫科醫師和心臟專家可以根據年齡、家族史、膽固醇含量、血壓以及抽菸情況和糖尿病史等因素，計算並預測個體罹患心臟疾病的風險，不過只能大略估算。然而，對於遺傳學的新認知帶來了轉變，讓我們能從粗略的家族史，針對特定遺傳特徵，精準計算。迄今研究人員找到 DNA 序列中 67 個不同的位點（稱為遺傳變異），與

◀ 這是冠狀動脈的橫切面，可見脂肪斑塊累積其中。

為什麼會心臟病發作？

心臟覆蓋著冠狀動脈構成的血管網絡，為心肌提供富含氧氣和養分的血液。
要是一條或多條冠狀動脈阻塞，便可能導致心肌梗塞。

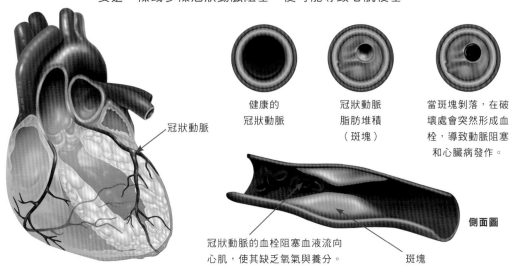

冠狀動脈

健康的
冠狀動脈

冠狀動脈
脂肪堆積
（斑塊）

當斑塊剝落，在破
壞處會突然形成血
栓，導致動脈阻塞
和心臟病發作。

側面圖

冠狀動脈的血栓阻塞血液流向
心肌，使其缺乏氧氣與養分。

斑塊

心臟病發作風險有關，其中許多位點會遺傳。個體擁有特定的遺傳變異越多，心臟病發作的風險就越高。

2018 年 10 月，英國劍橋大學和萊斯特大學的科學家指出，他們發展的新型基因組風險評分測試，是現行預測心臟病工具當中準確度最高的。研究人員以電腦分析 50 萬名參與英國生物銀行計畫的個體數據，計算 170 萬個遺傳變異與疾病史之間的相關性，再由人工智慧分析彙整出演算法，以遺傳圖譜準確預測心臟疾病的風險。

這項研究也是全球推動「使用機器學習找大數據中的模式，以提高預期

壽命」的一環，未來任何人（甚至孩童）很可能只要透過不到 50 英鎊的標準基因型測試，就能評估心臟病風險，隨後藉由醫療和生活方式的調整，降低罹病或心臟病發作的機會。

美國國家太空生物醫學研究所（這個機構亦與 NASA 合作研究減少太空飛行對人體的影響）2018 年開發一種演算法，可讓病患和醫師透過手機應用程式使用。這項新工具名為 Astro-CHARM，可同時評估與計算傳統風險因子，與新發現的心臟疾病風險指標「冠狀動脈鈣化」，可預測未來十年罹患心臟疾病的可能性。

▶ 醫生為病患檢查心臟動脈是否堵塞。有了新型心臟疾病療法和檢測方法，這種手術可能成為過去式。

尋找標記

　　然而，研究人員追尋的聖杯是找到某種「標記」，可作為心臟動脈裡脂肪斑塊（動脈粥樣硬化）剝落的指標，因為這會造成動脈血栓而堵塞血流，導致心臟病發作。這正是為何阿夫基蘭認為，心臟疾病研究裡最令人激勵的科學進展，都圍繞著掃描技術──專家能藉此準確看見心臟動脈內發生了什麼事。「目前的標準方法是冠狀動脈攝影，這本質上是種精巧設計的 X 射線，能讓你看出哪些動脈出現粥狀硬化，以及阻塞情形。」阿夫基蘭解釋，「但是不適合用來預測心臟病發作，因為我們需要知道的是，哪些動脈粥樣硬化病變，可能會剝落而導致血栓。」

　　科學家也知悉動脈發炎是硬化斑塊即將剝落的良好指標，只是準確測量是個挑戰。如今英國牛津大學的研究人員發現，發炎會導致動脈周圍的脂肪出現化學變化，藉此開發出以電腦分析心臟掃描來測量脂肪變化的方法。他們 2018 年針對這項新技術的十年評估報告發表於《刺胳針》醫學期刊，指出這種方式測得的脂肪值，能相當精準預測心臟病發作引發的死亡。牛津大學的子公司正在開發一項服務，目標是在 24 小時內完成來自世界各地心臟電腦斷層（CT）掃描的脂肪分析。

預警系統

　　另一項提供心臟病發作早期預警的創新技術，是將分子探針注入血流。

探針能鎖定動脈的目標分子，揭露其中發生的化學反應，因此可透過磁振造影（MRI）掃描並測量心臟區域的變化。倫敦國王學院的雷內·博特納（Rene Botnar）利用這種技術，發現原彈性蛋白（tropoelastin）存在與否是斑塊脆弱度的良好指標，未來有機會作為風險預測因子。

倫敦帝國學院的科學家開發出類似技術，並透過動物實驗證明，可在電腦斷層掃描觀察到另一種斑塊脆弱度的標記：氧化的低密度脂蛋白（LDL，俗稱壞膽固醇）。他們打造一種可與氧化 LDL 專一結合的人工抗體，同時讓抗體與螢光分子相連；研究人員認為這也有潛力作為直接投遞藥物至動脈目標區域的工具，現在打算在人體重現這個技術。

阿夫基蘭解釋，「目前有許多令人興奮的新策略可用來預測心臟疾病，不過我認為要幫助人們在生命的不同階段評估風險，應該整合這些方法，而非期待單一萬靈丹。」識別心臟病發作風險是一回事，預防它則是另一回事。在預防方面，人工抗體（抗體是身體免疫系統製造的蛋白質，能夠搜尋入侵物並與之結合）帶來了最光明的前景。

以人工抗體為基礎的新藥，其成就很可能會超越史他汀類藥物（Statins），

▲ 醫生可藉由測量血液中的膽固醇含量來預測心臟病風險，而新的基因檢測可以提供更準確的結果。

後者近年來已改變心臟病患者的生存機率，可降低患者血液中的膽固醇，並減緩斑塊積聚的速度。目前還有新型降膽固醇藥物「PCSK9 抑製劑」，這種藥物由人工抗體組成，可以標定某種肝臟蛋白質並讓它失去活性，降低血液中的有害 LDL 裡膽固醇的含量。

另一種新的抗體藥物，可透過減少動脈發炎來降低發作風險。研究人員針對這類抗體藥物（名為 canakinumab）進行一項由 40 國參與的大規模試驗，並於 2017 年發表結果。研究發現，該藥

如何降低心臟病發作的風險

不要抽菸或電子菸　眾所皆知，抽菸會增加患心臟病的風險。美國加州大學一項新研究調查了七萬人，發現每天使用電子菸也會提高心臟病發作的機率。

避開交通繁忙場所　交通和工業汙染有害的原因如同抽菸：微粒子進入血液，活化了免疫系統與之對抗，引發動脈裡破壞性的發炎。一項發表在《歐洲心臟期刊》的新研究指出，交通噪音也會增加心臟病發作風險。

均衡飲食　《刺胳針》醫學期刊的新研究指出，維持心臟健康無須避開肉類和乳製品。研究人員表示，健康飲食應含有大量水果、蔬菜、魚類和豆類，以及適量未加工的肉類和乳製品。英國心臟基金會也指出，適量食用肉類和乳製品不會造成問題。

避免加工肉類　目前一致認定加工肉類（例如培根、火腿與臘腸）對心臟有害。2010年發表的大型回顧研究發現，每日食用加工肉類，會提升42%冠狀動脈心臟病的風險。

適度放鬆　《刺胳針》醫學期刊新研究指出，腦中杏仁核在壓力下會向骨髓發出信號，而後釋放出一種血球細胞，會增加動脈發炎反應。

減少飲酒　新研究指出，經常酗酒的年輕人容易提早出現心肌梗塞的風險因子：高血壓、高膽固醇和高血糖。倫敦大學學院研究，17歲就酗酒和抽菸的青少年，其動脈已開始硬化。

減重　超重增加身體血壓和膽固醇含量，增加罹患糖尿病機率，也是心臟病的風險因子。

可降低患者心臟病發作風險達24%。現有證據顯示，降低發炎也可顯著改善心血管疾病患者的預後，開啟了許多治療的可能。

當然，這些發展中的新抗體藥物將會非常昂貴，但能夠更準確預測哪些人罹病風險最高，也代表這些藥物能如實幫助到那些最需要的人。關於抗體如何協助擊敗心臟病，最令人注目的發現來自倫敦帝國學院，由心臟病學高級臨床講師拉姆齊·哈米斯博士（Ramzi Khamis）所領導的研究，暗示治癒以及準確預測的可能性。

哈米斯把焦點擺在天然抗體。所有人身體裡都有尋找有害氧化LDL的抗體，有害蛋白被抗

體帶走後會交由肝臟處理，而 IgG 和 IgM 這兩種抗體似乎特別擅長處理氧化 LDL。

有些人似乎比其他人擁有更多 IgG 和 IgM 抗體。哈米斯團隊與荷蘭和瑞典的科學家合作研究了 10 萬名高血壓患者，發現曾經心肌梗塞以及擁有不穩定斑塊的患者，其抗體含量也最低。事實上，抗體含量最高的個體，五年內罹患心臟病的機率相對低 70%。

「我們發現抗體提供了大量保護，」哈米斯說，「測量這些抗體的含量不僅可用來評估心臟病發作的風險，我們也在探索這些抗體的其他醫療用途。」也許可利用抗體療法來提高免疫系統對抗氧化 LDL 的能力，未來甚至可能發展出降低心臟病發作的疫苗。

「也許還要十年才能達成，但它具有潛力。」哈米斯說，「我們確實證明免疫系統在預防心臟病發作所扮演的角色，比以前想像的更重要。」

（林雅玲譯）

關於心臟疾病的統計報告

台灣每天約

57 人死於心臟病。

2016 年心血管疾病的健保醫療費用（門診、住診、急診）約占整體費用的 10.4%。

英國曼徹斯特郡（都會區）因心肌梗塞引發的早死率，據統計是薩福克郡中部鄉村的 4 倍。

22% 在國人所有死因當中，心臟疾病和循環系統疾病占 22%，為第二大死因。

2016 年心臟疾病之全民健保就診人數將近 167 萬人。

高血壓患者罹患心臟疾病或發生中風的機率比一般人還高 3 倍。

以 2014 年與 1986 年相比，國人心血管疾病呈現 60.6% 的下降率，但近年來心臟疾病標準化死亡率上升了

5.9%

心臟疾病為台灣女性的頭號殺手，死亡人數分別是乳癌的 5 倍、卵巢癌的 17 倍、子宮頸癌的 17 倍。

※ 我國相關資料來源：衛福部國民健康署

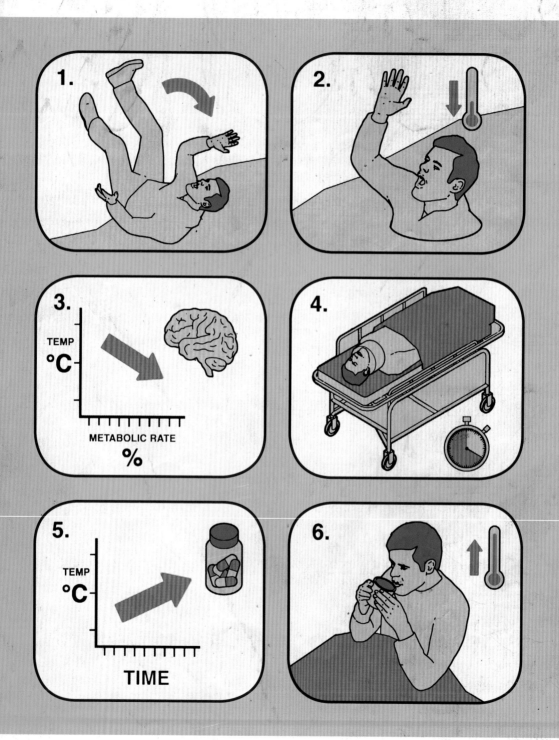

1.

2.

3.

TEMP
°C

METABOLIC RATE
%

4.

5.

TEMP
°C

TIME

6.

低溫療法
將重新定義死亡？

我們都知道人體失溫時會致命，
不過越來越多案例顯示，如果冷卻時間夠快速，
可以避免在心跳停止時累積有毒化學物質，腦部也能持續受到保護。
因此醫師認為，我們也許有機會對抗死亡……

作者／湯姆‧艾爾蘭（Tom Ireland）
自由科學記者，也是英國皇家生物學會雙月刊《生物學家》（The Biologist）的編輯，
推特帳號 @Tom_J_Ireland。

在挪威北部的斯托克馬克內斯市，2007 年 12 月 30 日清晨，一名 41 歲的醉漢離開派對之後，不慎跌入邊坡很陡的水溝。他忽然掉到深達頸部的冰水裡，完全爬不出來，將近一小時之後才有人路過，把他救起來。

雖然眾人盡力幫他取暖，但當時氣溫是刺骨的攝氏零下兩度，因此他的體溫還是很低。救護人員到達後不久他便失去意識、呼吸和心跳也停止了。七個小時之後，他的心臟再次恢復正常跳動。嚴格說來他死亡了五小時，而造成他心臟病發的極度低溫，

不知何故反倒救了他的命。

健康人的核心溫度維持在攝氏 36.5 到 37.5 度，低於此範圍就會出現體溫過低的危險狀況，此時新陳代謝會變慢、心跳速率減緩、器官停止運作，最終心臟停止跳動。一旦心跳停止數分鐘，體內氧氣就會用罄，細胞因而開始製造有毒物質，很快便會對脆弱的腦組織造成不可逆的傷害。

即使急救成功也未脫離險境，多數心跳停止後又恢復的人，仍因為恢復全身充氧血循環所造成的傷害，在病床上過世；就算活了下來，多達 30% 的人有永久性腦損傷。

然而醫護界有句俗話：「除非人體回暖後死亡，不然不算真的死。」因為體溫降低會減少腦部的氧需求量，所以極冷造成心跳停止時，可能會發生非比尋常的事情。如果冷卻時間夠短，可以避免在心跳停止時累積有毒化學物質，且腦部在恢復供應充氧血之後，仍繼續受到保護。

那名挪威人早上五點被送到鄰近醫院時，體溫只有攝氏 25.5 度，堪稱最嚴重的失溫案例。醫護人員嘗試回溫失敗後，向位於 250 公里外的北挪威大學醫院（UNN，是設備較好的醫學中心）請求直升機轉院。期間醫師持續對病人做 CPR，不過當直升機載著病人抵達 UNN 時，已經將近早上九點了，嚴格說來他已死亡五小時。 在 UNN 團隊兩個多小時的努力之下，這名從冰冷水溝中被拉上來的人，終於在 11 點 37 分復甦過來，也不再需要幫助全身血液循環的機器；他的心跳停止了七小時，這是最長的急救成功紀錄，卻奇蹟般地完全恢復，沒有任何腦損傷的跡象。

「他的新陳代謝降低了 60 至 70%。」曾仔細研究這起病例的挪威北極大學重症醫學教授拉斯·比耶特奈（Lars Bjertnaes）說，「可能只需要正常心臟輸出量的四分之一，就能夠滿足他的氧需求量。」

前人的智慧

這類故事啟發了一系列刻意讓病人處於低溫狀態的醫學療法。它們看來似乎十分先進，然而醫生利用極度低溫讓病人活下來的案例，事實上可以追溯到數個世紀以前。1803 年《俄羅斯復甦術》一篇論文敘述以雪覆蓋心跳停止的病人，可以大幅提高他的存活機率；此外希臘醫師希波克拉底在西元前 400 年，就提倡運送傷兵時，應使用冰和雪包覆他們。

自 1990 年代起，讓病患進入低溫狀態，已是開放性心臟手術和治療心臟缺損新生兒的標準作業。在這些情況下，醫師必須「關閉」循環系統以利心臟手術，降低體溫可延長關閉系統的時間而不造成組織傷害。

過去十年「治療性低溫」（又稱目標體溫管理，TTM）也越來越廣泛用於治療心臟病發和中風，應用原理也相同：在供氧受阻的情況下，利用低溫以免發生會傷害細胞的反應，更重要的是，避免恢復血液與氧氣供應時的傷害。

「我們試著儘快達到低溫狀態。」曾經針對心臟病發患者研究不同降溫法的荷蘭阿姆斯特丹自由大學心臟學研究人員葛萊蒂絲·詹森（Gladys Janssens）說，「到達低溫狀態後，我們儘可能控制體溫，持續 12 到 24 小時。如果低於目標溫度會有出血併發

症以及心律異常的風險，溫度過高則可能失去保護效果。」

如今，雖然已經廣為接受降低重症病患體溫的概念，然而在最佳體溫和降溫方法上，還是爭論不休。以前是將心臟病發患者降溫到攝氏 33 度，但最近研究顯示只要降低一度（36℃）就會有相同效果，風險也較低。降溫的方式也有好幾種，最簡單的是使用水冷毯或在身上放降溫貼片，比較先進的方法則是在體內放置多球狀導管，讓冰冷的食鹽水在當中密閉循環；這兩類方式各有其優缺。

「水冷毯便宜、快速且較方便，但是快速不代表可以讓病患更快降到目標體溫。」詹森說，「導管的缺點則是必須由受過訓練的醫師來放置。」

低溫治療期間也必須給予藥物，防止病患發生自然發抖反應。長時間保持低溫的常見併發症包括重度發燒、感染和皮膚受損。度過危險期後，必須漸漸回溫，每小時不可以回溫超過攝氏 0.5 度。雖然低溫療法對身體是種折磨，不過 TTM 是唯一可以在人體復甦後，大幅降低心跳停止期間腦損傷機率的技術。

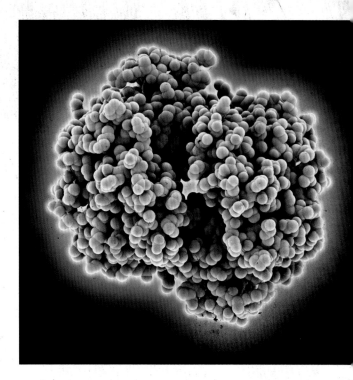

▲ 人類的血紅素分子，這種蛋白質負責在血液中攜帶氧氣。

與死神拔河

隨著越來越多醫學中心有降溫設備，醫師也在探索還有哪些狀況適合採用低溫療法。身為外科醫師以及美國巴爾的摩大學重症醫學教授的山姆·提舍曼（Sam Tisherman）在他的急診室裡進行人體試驗：將到院時已因失血過多、即將死亡的病患徹底降溫。

「外傷病患會因為失血過多，心臟沒有足夠血液可以運

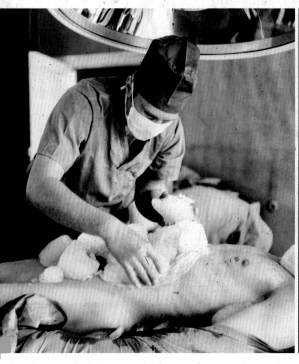

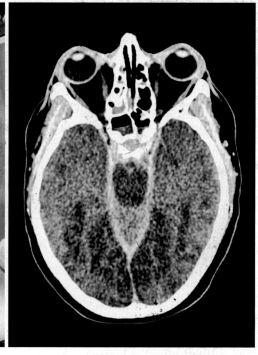

▲ 將患者體溫降至攝氏 12 度，已是開放性心臟手術的一般性作業。

▶ 這是心跳停止病患的腦部電腦斷層掃描，其中影像顏色較深的地方就是腦部因為缺氧而受損的區域。

作，導致心跳停止，」提舍曼說，「問題在於我們的縫合速度沒有那麼快，因此在大量失血的情況下，存活機率大約只有 5 到 7%。」

提舍曼實驗中使用的技術，需要利用幫浦將冰冷的生理食鹽水送入體內，造成極深層的低溫狀態，體溫只有攝氏 15 度，有點類似科幻小說中的「假死」狀態。這並不是在妥善控制的心肺復甦術之後，稍微降低體溫，反而比較像在冷凍病患，讓他們處於「死亡」的狀態下進行手術。

「對我們來說，問題在時間。」提舍曼說，「急救團隊一般是讓心跳停止的病患恢復心跳，然後努力避免腦部受損；我們做的事完全不一樣，我們面對的是沒有心跳、大量失血的病患，CPR 並沒有用，我們只能儘量爭取時間。」

如果病患腦部缺血，一般預期他們會死亡；如果缺血時間在 5 分鐘以內，可能出現不可逆的腦損傷。提舍曼表示，他的技術可以讓人在經過最多一小時的手術之後還能存活，手術後再讓病患慢慢回溫並甦

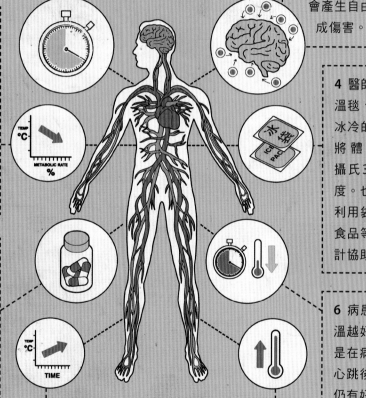

低溫療法運作原理

1 在心跳停止後 20 秒內，組織會耗盡體內儲備的氧氣，腦中也開始累積毒素。

2 如果恢復血流，仍會持續傷害腦組織。一般認為這種「缺血再灌流傷害」，是因為已耗盡氧氣的細胞再次獲得血液供應，會產生自由基而造成傷害。

3 心跳停止後體溫降低，可降低腦部新陳代謝率，減緩造成細胞損傷的反應。核心體溫每降低攝氏 1 度，腦部新陳代謝率就會降低 6 到 7%。

4 醫師利用降溫毯、貼片或冰冷的儀器，將體溫降為攝氏 33 至 36 度。也曾有人利用袋裝冷凍食品等權宜之計協助降溫。

5 恢復心跳之後的病患，仍將保持 12 到 24 小時的低溫與無意識狀態，避免復甦時發生腦損傷。由於發抖會提升體溫，因此需提供藥物防止病患發抖。

6 病患越快降溫越好，即使是在病患恢復心跳後降溫，仍有好處。

7 一旦情況穩定之後，讓病患慢慢回溫，有時甚至一小時只升溫攝氏 0.1 度。

8 恢復到足夠的體溫後，再讓患者甦醒。曾歷數小時低溫的病患，常會出現發燒或呼吸道感染的現象。

醒。他說，「在我們的實驗室中，甚至看過長達兩、三小時的例子。」

提舍曼相信，低溫療法有機會治療許多狀況，在緊急情況下也有幫助。「現在有些團隊嘗試在醫院以外的地方採用降溫法。」他說，「網路上流傳一張照片：德國救護人員在雜貨店急救一名心跳停止的男性時，在他身上堆了許多袋冷凍炸薯條，以便降溫。」

如今有一系列研究探討利用降溫來避免各種狀況造成的損傷，包括頭部受傷、腦膜炎、脊髓受傷以及肝衰竭。美國有名女性服用了多種鎮靜劑企圖自殺，送到醫院時已呈腦死狀態，院方利用抗凍劑「管控」低溫療法，成功讓醫師於低溫下進行 36 小時的急救措施。她在回溫後 48 小時內醒來，而且完全康復。

看到低溫對抗死亡的能力，表示我們確實需要重新思考何謂死亡。重症醫學教授山姆・帕尼亞醫師（Sam Parnia）等研究人員認為，低溫療法這類技術使我們難以定義真正的「死亡」。他在著作《戰勝死亡》（Erasing Death）中提出：目前醫療人員停止急救病患、宣告他們死亡的時間，全憑主觀判斷。

提舍曼希望在不久的將來，能有更實用的等效藥物，重現低溫療法促成的奇蹟。「我們不想使用『低溫療法』一詞，因為希望最終可以找到一種藥物，能夠像低溫一樣暫停腦和身體對氧的需求。」他說，「那樣情況將會簡單很多。

（賴毓貞譯）

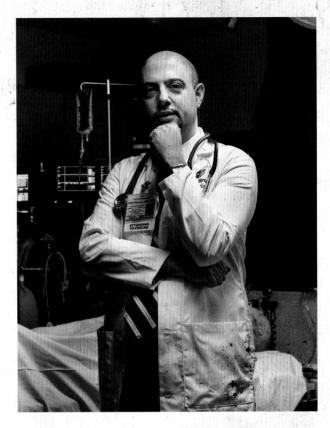

▲ 美國紐約州立大學石溪分校醫院的帕尼亞醫師，他認為低溫療法讓我們重新定義死亡。

Alice Gregory	Christian Jarrett	Emma Davies
心理學家	神經科學家	健康專家
睡眠專家	作家	科學作家
Luis Villazon	Robert Matthews	Zoe Williams
科學、科技作家	物理學家	家醫科醫師
	科學作家	健身專家

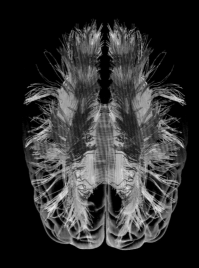

形成記憶時，腦中有什麼變化？

改變腦細胞間的連結強度可形成記憶，尤其是顳葉（耳朵附近的大腦）中海馬迴的連結。記憶的關鍵過程是長期強化（long-term potentiation），意思是某個神經元對另一神經元的影響程度長時間改變。我們很容易把記憶想成錄音，以為就像刻印在腦細胞上的永久圖樣，但其實應該把記憶想成創造過程。我們回憶時，大腦會再度活化成先前的活動型態，這個過程相當容易遭破壞，造成許多記憶誤差或美化。（CJ答）

人體十大元素

（占人體總質量的比例）

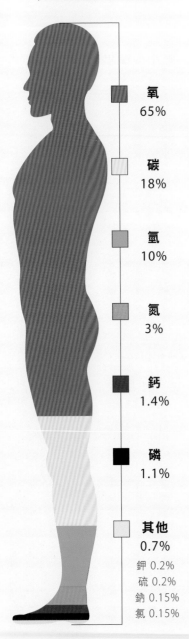

氧
65%

碳
18%

氫
10%

氮
3%

鈣
1.4%

磷
1.1%

其他
0.7%
鉀 0.2%
硫 0.2%
鈉 0.15%
氯 0.15%

血液循環是誰發現的？

 哈維　VS　納菲斯

1628 年 英 國 醫 師 威 廉 · 哈 維（William Harvey）發表關於人體血液的新觀點，造成極大的轟動。在此之前，醫師只能參考 1300 年前希臘醫師嘉倫（Galen）的學說，他主張血液由肝臟製造，又被人體組織吸收。相反地，哈維主張血液量固定，通過肺和其他器官更新，在體內不斷循環。

哈維的革命性看法指出血液供應量有限，因此嚴重質疑當時廣為使用的「放血」方法。歷經某些嚴厲的批評考驗後，哈維的主張得到證實，他也被視為現代醫學奠基者之一。

但歷史學家後來發現，早在 400 年前就有人提出這樣的血液循環概念。13 世紀阿拉伯醫師伊本·納菲斯（Ibn al-Nafis）證明心臟構造與嘉倫的學說不同，並主張人體一定有細小的血管，讓血液循環流動；這些血管稱為微血管，直到 17 世紀才證明它的存在。對納菲斯以及無數患者而言，可惜的是西歐地區直到 20 世紀初才得知他領先時代的研究成果。

（RM 答）

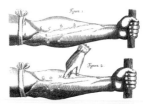

水果中的糖分對我們有害嗎？

水果含的糖分大多是果糖跟葡萄糖。葡萄糖是主要食物分子，可直接為細胞使用，然而果糖必須要先轉化成葡萄糖才能被使用。這個轉化過程在肝臟進行，不過肝臟處理果糖的速度有限，當它一旦超過負荷，就會把果糖轉化成脂肪，因此高果糖飲食容易使人肥胖。

令人意外的是，富含新鮮水果的飲食並不是高果糖飲食！因為水果有很多纖維跟水分，會減緩消化速度，讓你有飽足感。事實上研究發現，蘋果跟柳橙是每卡路里最能帶來飽足感的食物之一，甚至比牛排跟蛋還要飽足。所以雖然一顆中型蘋果含有 19 公克的糖，裡頭甚至有 11 公克的果糖，不過相較於從氣泡飲料獲取等量的糖（大約半瓶可樂），吃完蘋果比較不覺得餓。

你幾乎不可能因為吃新鮮水果而攝取太多糖分，不過這並不適用於果汁或果乾——這些東西太容易讓人大快朵頤了。（LV 答）

本圖右欄為含糖量

一份葡萄（151 公克）	23 公克	
一顆中型蘋果（182 公克）	19 公克	
一顆中型西洋梨（178 公克）	17 公克	
一份鳳梨（165 公克）	16 公克	
一根中型香蕉（118 公克）	14 公克	
一顆中型水蜜桃（150 公克）	13 公克	
一顆中型柳橙（131 公克）	12 公克	
半顆葡萄柚（118 公克）	9 公克	
一份西瓜（152 公克）	9 公克	
一份草莓（152 公克）	7 公克	
一份覆盆子（123 公克）	5 公克	
一顆中型番茄（123 公克）	3 公克	

泡熱水澡跟減重有何關聯？

1 泡一小時熱水澡似乎是極度懶散的消遣活動，但英國羅浮堡大學研究人員表示，泡澡比我們所想的費力許多。

2 以攝氏 40 度的水泡澡可使我們的核心溫度提高一度，刺激體內釋出熱休克蛋白對抗熱；這種新陳代謝會消耗血糖。

3 騎單車一小時，核心溫度提高幅度差不多，但泡澡降低尖峰血糖值的效果高出 10%。

4 儘管騎單車燃燒的熱量多於泡澡，但泡熱水澡每小時會消耗 140 大卡，等於走路 30 分鐘或做 40 個伏地挺身。

為什麼聞到柑橘味就會有「乾淨」的感覺？

以前人們用檸檬維持居家清潔，檸檬汁裡的檸檬酸可以溶解水垢，讓銅鍋回復光亮；檸檬皮的油則可擦亮木頭。當商用泡沫清潔劑越趨普及，便在其中加入不難取得的檸檬油，提供芳香和已與乾淨劃上等號的氣味，因此現今非常多清潔用品帶有檸檬與萊姆氣味。

荷蘭研究者在 2005 年發現，柑橘類氣味可讓我們下意識出現衛生觀念，促使我們保持廚房整潔。

（LV 答）

挑戰人類耐力的極限

耐力是精神力量，還是肌肉作用？

能跑得多快、多遠取決於數種生理因素，像是最大攝氧量（每分鐘人體可攝取的最大氧氣量），及乳酸臨界值（超過這個值，身體產生乳酸的速度就超過分解速度，乳酸累積使跑步越來越沒有效率）。有些生理因素是天生的，有些則可透過訓練改變。不過運動科學家近年發現精神強度的重要性：跑的距離越長，精神策略就越形重要。一般採用對付痛感的策略，包括激勵式的自我對話，及避免產生負面想法的分神技巧。

有人曾在兩小時內跑完馬拉松嗎？

科學家 30 年前曾計算，一個狀況絕佳的運動員，最快可用 1 小時 58 分跑完馬拉松——我們越來越接近這個目標了：肯亞籍長跑選手埃利烏德·基普喬蓋（Eliud Kipchoge，下圖）2018 年 9 月，於柏林馬拉松創下 2 小時 1 分 39 秒的新世界紀錄。柏林馬拉松賽道

2006 年大英國協運動會，凱特·史密斯（Kate Smyth）跑完馬拉松後體力不支，被護送離場。

平坦，轉彎處較少，天氣狀況一般來說也不錯，很適合破紀錄。運動生理學家認為，隨著長跑選手人才輩出，再加上訓練科技日新月異，無論運動員本身或是長跑環境都越趨理想，因此未來數十年內，有望打破兩小時完賽的紀錄。

耐力賽跑會對身體造成傷害嗎？

長距離賽跑會對身體造成壓力。希臘伯羅奔尼撒大學最近研究發現，賽程比馬拉松還要長的超耐力長跑選手，賽後血液發炎程度類似罹患癌症或肝硬化的病人，不過數天內就會回復正常，表示他們在極強烈運動後，恢復能力也相當出色。良好的訓練有助於了解自己的極限，也讓你知道「好的痛」超過什麼程度就會變成「壞的痛」。

馬妮·蔡斯特頓（Marnie Chesterton）　《大眾科學》節目主持人，探討人類耐力的極限，可在下列網址收聽：
bbcworldservice.com/crowdscience

冥想時，身體有什麼變化？

全心冥想跟隨意放鬆可不一樣，得重新訓練讓精神集中，感受身體接收到的所有刺激——這會把你的注意力限縮在當下身體產生的訊號以及反應。許多研究指出，這種覺知狀態可導致大腦以及身體其他部位出現可測量的變化，且在冥想後仍會持續。

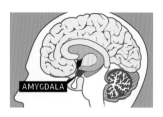

1. 大腦
杏仁核是處理情緒的重要腦區，經過冥想後會比較不活躍，有助減低壓力與焦慮。

2. 扭傷與拉傷
冥想會影響細胞的基因調節機制，減低造成發炎的基因活性，加快生理創傷或扭傷復原。

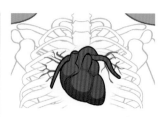

3. 心臟
研究發現冥想可減緩憤怒與緊張感，使有高血壓風險的人們血壓降低。

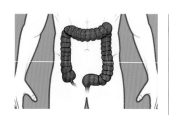

4. 大腸
冥想有益大腸激躁症及潰瘍性大腸炎，可能是壓力荷爾蒙減少所致，但相關研究有矛盾之處。

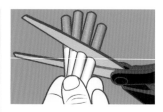

5. 欲望
「整合身心訓練」冥想法，可藉由改變某些與欲望有關的腦區活動，讓吸菸者戒菸，並免於菸癮再犯。

6. 腰背
有研究指出，冥想有助控制下背疼痛，方法是轉移注意力，這麼一來你會自動放鬆肌肉；可跟止痛藥同時使用。

人類的反應時間有多快？

科學家研究這個難題的方法，是測量我們需要多少時間察覺感官資訊。依據某些估計結果，我們只需要 50 毫秒（大約 1/20 秒）就能感受感官刺激。事實上，許多人認為大腦能回應出現時間少於 1/4 毫秒的資訊。就感知並做出反應而言，有個不錯的評量基準，是短跑選手對起跑槍聲的反應，通常為 150 毫秒。有個限制因素是人類神經通道傳遞資訊所需的時間，19 世紀赫曼·馮赫姆赫茲（Hermann von Helmholtz）估算這個傳遞速度是每秒 35 公尺，但現在我們知道，某些高度隔離的神經傳遞速度更快，每秒可達 120 公尺。（CJ 答）

朗讀為什麼有助於記憶？

可能原因至少有兩個：其一是朗讀可讓我們聽見自己的聲音，其二是朗讀行為本身即可幫助記憶。近來有項巧妙的研究同時檢驗這兩項解釋，研究人員讓參與者朗讀字句以及聆聽自己朗讀字句的錄音，進行記憶測驗後比較結果。結果發現，朗讀和聽自己朗讀字句都有助於記憶，前者的理由是朗讀比默讀更主動、投入更多心思，後者則是因為聽自己的聲音可加強訊息與自身的關聯。（CJ 答）

有可能既感冒又得流感嗎？

一般感冒跟流感由不同病毒類型所造成，所以體內可能同時存在這兩種病毒。不過身體對於某種病毒的免疫反應，往往會使體內環境不適合其他病毒生存，因此當身體在對抗某種病毒時，另一種病毒不太可能有機會趁虛而入。不過這種抗病毒狀態並無法讓你抵抗細菌感染，因此很多流感致死的病例，實際上是因為當免疫系統忙著對付病毒時，繼發性細菌性肺炎感染所致。（LV 答）

我們疲倦時為何會揉眼睛？

當我們疲倦時，經常會覺得眼睛發癢，揉眼會刺激淚腺釋出淚液，潤滑眼睛。不過行經臉部、顴骨跟眼睛的眼神經，及行經心臟的迷走神經之間，有種奇怪的關聯性：揉臉或是按壓眼睛，會觸發「眼心反射」，降低心跳速率，可使你在疲倦或有壓力時放鬆。（LV 答）

靜態伸展是指維持有挑戰性但舒服的伸展姿勢 10 到 30 秒。

為什麼伸展如此舒服？

在你睡了一晚或盯著電腦一下午之後，沒有什麼比拉拉筋、舒緩一下緊繃肌肉更棒的了。這樣做不僅可以讓你注意身體狀況、釐清思緒，還可以釋放腦內啡。

當你伸展筋骨一段時間後，肌肉的血流量就會增加。肌肉由神經系統控制，神經系統分成兩大部分：負責戰鬥或逃跑的「交感神經」，以及負責休息跟消化的「副交感神經」。靜態伸展會增加副交感神經活動，促進放鬆感。雖然伸展時心跳可能會加快，不過之後就會恢復正常。（ED 答）

肋骨兩側刺痛時，身體有什麼變化？

有時運動時，胸廓下方會突然出現刺痛感，且發生在身體右側的機率是左側的兩倍。最早提出因應療法的是老普林尼（Pliny the Elder），不過確切成因至今眾多且不明，只能縮小到三種可能性：橫膈膜韌帶緊繃、血流受限，或是腹部器官隔膜發炎。（LV 答）

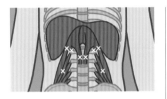

1. 橫膈膜（A 理論）
吃飽後跑步可能會使支撐腹部器官的韌帶劇烈震盪，使橫膈膜緊繃。然而這種刺痛現象在喜歡游泳的人身上也很常見，但游泳並不會造成韌帶劇烈震盪。

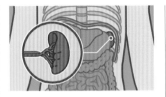

2. 脾臟（B 理論）
運動時心跳加速，會迫使更多的紅血球細胞進入脾臟，使得脾臟脹大，限制血液流到四肢跟膈肌，這是另一種導致肋骨兩側刺痛的可能性。

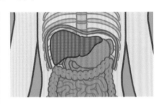

3. 肝臟（B 理論）
同樣的道理，脹大的肝臟也會限制血流。肝臟位在身體右側，這可能是刺痛現象大多發生在身體右側的原因。

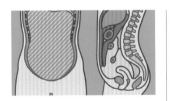

4. 腹膜（C 理論）
腹膜環繞腹部器官，若是摩擦到身體側邊，可能會發炎。順帶一提，含糖飲料似乎會使腹膜發炎惡化。

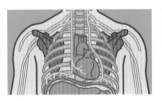

5. 右肩胛骨
肋骨兩側刺痛經常會導致肩膀產生幻覺痛，因為橫膈膜的膈神經會連接到肩膀。

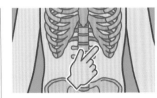

6. 胸廓
緩解刺痛最快速的方法，是在肋骨下方用力往上按壓，不過還不清楚為何這樣做有效。

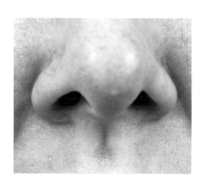

我們只有一條氣管，為什麼會有兩個鼻孔？

我們有兩個眼睛、兩隻耳朵，所以也有兩個鼻孔；感官需要成雙才能有立體視覺、立體聽覺，以及敏銳的嗅覺。我們的鼻孔之間有中隔，彷彿擁有兩個鼻子般，大多數狀況下，兩個鼻孔容許流入的空氣量不同，而氣流量每隔幾小時變換一次。氣流量減小的原因是內部組織隨血流增加而膨脹。我們藉助鼻子內部深處的感覺細胞嗅聞味道，某些氣味化學物質與這些受器結合所需的時間比較長，所以氣流量較小的鼻孔可給予這些作用較慢的氣味更多時間，讓我們聞到更多氣味。（ED 答）

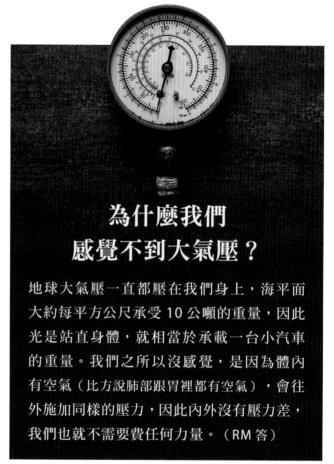

為什麼我們感覺不到大氣壓？

地球大氣壓一直都壓在我們身上，海平面大約每平方公尺承受 10 公噸的重量，因此光是站直身體，就相當於承載一台小汽車的重量。我們之所以沒感覺，是因為體內有空氣（比方說肺部跟胃裡都有空氣），會往外施加同樣的壓力，因此內外沒有壓力差，我們也就不需要費任何力量。（RM 答）

用熱水洗手比較好嗎？

洗手最重要的是搓揉和沖洗，去除皮膚表面的細菌。美國羅格斯大學一項研究發現，熱水清除大腸桿菌的效果不比冷水好。事實上太燙的水還會增加細菌附著的機會，因為過熱的水會破壞皮膚表面的天然保護層。（LV 答）

神經毒劑如何影響人體？

神經毒劑會攻擊人類神經系統。人體利用乙醯膽鹼這樣的神經傳導物質，把訊息從神經細胞傳導到活化的肌肉跟器官細胞。通常乙醯膽鹼酶（AChE，一種酵素）會清理神經傳導物質，讓肌肉得以放鬆，以備日後再次活化。神經毒劑會阻止 AChE 分解乙醯膽鹼，讓神經傳導物質積累起來，繼續發揮作用。心肌跟呼吸系統肌肉等等都會因為無法放鬆而癱瘓，使人在數分鐘內就窒息或停止心跳。（ED 答）

我們跟陌生人擦肩而過時，為何會四目相交？

目光接觸是人類社會互動的基礎行為，連剛出生兩天的嬰兒也喜歡看向直視他們的臉。有人看著我們代表社交興趣和可能想要交流，但如果我們的目光不跟對方接觸，就不可能知道對方正在看我們。所以我們跟陌生人擦肩而過時，通常會看一下對方的臉。在美國大學校園實地研究發現，與陌生人

目光接觸讓我們覺得受到重視，而如果對方閃躲我們的目光，我們就會覺得被忽視——這種感覺就好像「被當成空氣」一般。（CJ 答）

有人演化得比其他人類更多嗎？

演化是過程而非性質。有些人具有能夠讓他們在某些環境之下更具優勢的基因；比方說在人口稠密、生活條件不佳的大城市裡，若對於肺結核比較有抵抗力，那麼這個人可能適應較好，較有機會把基因遺傳下去，但這並不是所謂「演化得比較多」。倘若這個人搬到相對來說富裕的地區，或是接種疫苗計畫完全根除了肺結核，那麼他的遺傳優勢就會消失。

而體型數百萬年來沒太多變化的動物，事實上演化對牠們造成的影響就跟對於所有物種的影響一樣多，只不過天擇讓牠們維持同樣外型，而不是嘗試改變。

人類仍然在演化，近期演化成果包括忍受乳糖、智齒退化以及出現藍眼珠。2017 年美國哥倫比亞大學一項大型遺傳研究發現，會減低我們平均壽命的有害遺傳突變，將逐漸被天擇過程消除。不過就算是長壽，也只在有足以支撐全體人類的文明跟基礎建設時，才算得上一大優勢。（LV 答）

臉紅有演化上的目的嗎？

達爾文覺得臉紅很有意思，稱之為「最特殊、最有人味的表情」。人們在違反社會規範或碰上衰事時會臉紅，使旁人感受到他們的羞愧感；也許是因為這顯示他們了解到自己違規並感到後悔，旁人因此對他們比較寬容。荷蘭心理學家也發現，在財務賽局中欺騙他人但會因此臉紅的人很快會重獲信任。臉紅似乎是經過演化而成的非語言溝通方式，顯示我們在乎社會規範，而與他人緊密相連。（CJ 答）

對人有害的東西會影響嗅覺演化嗎？

是的。我們的嗅覺對代表毒素或危險的氣味比較敏感，舉例來說腐壞的魚聞起來噁心，是因為它含有大量細菌，我們把這個氣味解釋成「吃這條魚會生病」的警訊；把某些氣味跟不好的經驗連結起來後，確實也會對這些氣味比較敏感。但即使沒聞過屍體，腐爛產生的屍鹼和腐胺的氣味還是很可怕。許多動物都有這種感覺，而且歷史至少已有 4.2 億年。（LV 答）

為什麼會演化出睡眠行為？

對於人類為何會睡眠，科學家見解不一。我們人生中花那麼多時間睡覺，且此時警覺性最低，讓我們處在最為脆弱的狀況，這件事還頗奇怪的；我們睡覺時，自然也不會進食或繁衍下一代。人類為何會演化出睡眠行為，有一卡車理論，其中有人認為睡眠讓我們得以保存能量、做最佳運用，並且使我們對於危險狀況保持警戒。睡眠也能夠讓我們清理腦中毒素，統整記憶。越來越多證據顯示，睡眠對我們清醒時的許多方面助益良多，不但可控制體重、調節情緒，還能夠促進免疫系統。（AGr 答）

DNA 能夠保存多久？

有項針對絕種的紐西蘭恐鳥腿骨萃取 DNA 的研究發現，DNA 的半衰期是 521 年，因此每隔 1,000 年就會失去 75％ 的遺傳資訊。經過 680 萬年之後，鹼基對會通通消失。細菌 RNA 就強韌多了，其序列可以從 4.19 億年前的冰晶裡萃取出來，不過只有 55 對鹼基。（LV 答）

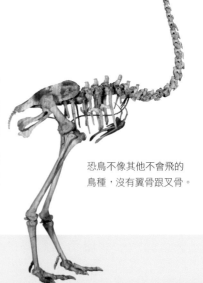

恐鳥不像其他不會飛的鳥種，沒有翼骨跟叉骨。

人類壽命有上限嗎？

體內多數細胞都有其自然壽命，稱為「海佛烈克極限」（Hayflick limit）。這是因為染色體末端具有稱為端粒的序列，會隨每次細胞分裂越變越短，一旦端粒縮短到某個程度，細胞就不會再分裂，最終死亡。根據體內不同細胞的一般分裂頻率，可以算出人類壽命上限大約是 120 歲。這跟我們觀察到的情況十分符合：雅娜·卡爾芒（Jeanne Calment）是已知活得最久的人，她在 122 歲過世；並且只有少數人能夠活過 110 歲。

然而細胞的壽命並不是固定的，若把當器官移植到較年輕的身體時，比較老的器官細胞可以活得跟移植體一樣久，

也許是因為這些細胞的端粒再度生長了。皮膚細胞、精子以及某些白血球細胞，可以透過端粒酶酵素使端粒變長；若是操控實驗動物的端粒酶濃度，有時候也能延長其他種類細胞的壽命。不過這樣做似乎也會增加它們變成癌細胞的比率，事實上有證據顯示，之所以演化出細胞老化機制，是為了保護多細胞生物免於罹癌，也就是說人終究難逃一死。（LV 答）

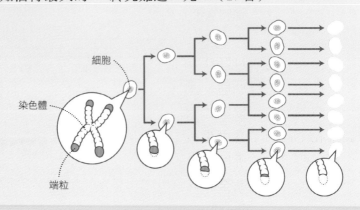

細胞

染色體

端粒

為什麼多數人是右撇子？

許多動物都偏好使用身體的某一邊，十隻黑猩猩裡有七隻是右撇子；幾乎所有袋鼠都是左撇子；雄貓幾乎都是左撇子，雌貓則幾乎是右撇子。人類右撇子的比例比任何物種都高，左撇子大約只占10％，這是因為我們是會使用工具而且高度社會化的物種。最早在大約200萬年前製作的拋擲工具，並沒有明顯適合左或右，不過大約150萬年前出現標準化的右撇子工具。右撇子勝出的原因並不明朗，也許是因為控制右手的左腦對於細微的運動控制已經高度專精化。至於左撇子為什麼沒有完全消失，有個理論認為正是因為左撇子很稀少，在戰鬥時反而具有出其不意的優勢。你可以在網球之類的運動項目看到這項特點，左撇子的職業運動員比例比起一般大眾的比例來得高。（LV答）

同卵雙胞胎和複製人在生物學上有何不同？

同卵雙胞胎的DNA完全相同，但和雙親不同。複製人只有一個親代，且DNA與親代完全相同；不過即使如此，複製人仍然不是完美的複製體。我們如今知道基因的啟動或關閉受環境影響很大，雙胞胎發育時位於同一子宮，所吸收的營養和荷爾蒙也相同。複製人在不同的子宮中生長，年代也和親代不同，所以長相不一定和同年齡的親代完全相同，就算剛出生時也長得不一樣。（LV答）

孕期能否受孕？

已經懷孕時再度懷孕稱為「重孕」，這種現象在小鼠跟兔子等哺乳類都出現過，人類也有些可能案例。據報 2017 年有位代理孕母，她所代孕的雙胞胎中，其中一個其實是她一脈相承的兒子。該名女子似乎是在代理受孕之後，過了三週再度受孕。女人得在懷孕後再度排卵才會重孕，這種情況很罕見，因為受孕後體內荷爾蒙會產生變化，通常會防止卵巢再度排卵。此外，懷孕時子宮頸會形成黏液栓，阻止精子游向子宮。（ED 答）

指甲在天氣熱的國家長得比較快？

美國醫生威廉・班奈特・比恩（William Bennett Bean）在 1941 年開始為期 35 年的自我指甲生長研究，結論是氣候、季節跟地理位置不會影響指甲生長速率。然而其他研究發現，指甲在夏季的生長速度會稍微快一點，可能是因為供輸到指尖的血液增加。不過倘若你在放假時發現指甲突然變長，那比較有可能單純因為你在游泳池畔放鬆時，指甲的磨損速度不像平常那麼快，實際生長速度並沒有增加。（LV 答）

印度人史瑞哈・奇拉爾（Shridhar Chillal）從 1952 年就沒剪過左手指甲，直到 2018 年 7 月才把它們剪短，創下指甲超過九公尺的世界紀錄。

音樂品味是如何形成的？

能訓練大腦喜歡不同音樂嗎？

你可能一向不喜歡自由爵士樂，不過神經生理學家艾莉絲·瑪朵·普羅薇畢歐教授（Alice Mado Proverbio）的研究指出，我們聽越多複雜的音樂（比方說史特拉汶斯基的《春之祭》），就越能夠開始欣賞它們的美。如果你想要讓下一代享受非傳統的音樂，最好在年幼時影響他們。英國羅翰普頓大學的大衛·哈葛里夫斯教授（David Hargreaves）使用「openearedness」（耳洞大開），描述小朋友較能聆聽不尋常音樂形式的現象，然而在 10、11 歲左右，就會逐漸失去這項技能。

為什麼人們的音樂品味如此不同？

無論身處哪個文化，我們似乎都喜歡某種音調組合，也會對某些令人拍掌應和的模式產生類似反應。不過一旦開始接觸比較複雜的音樂時，就會產生歧異。英國西敏寺大學的神經科學

家凱薩琳·洛芙岱博士（Catherine Loveday）把我們的音樂品味比擬為喜劇品味：喜劇情節越是複雜，就越倚賴觀眾對於文化背景所知。同理，音樂喜好是由我們所認同的群體形塑而成，也就是文化。不過這也取決於個人氣質，2015 年一項劍橋大學的研究發現，我們的音樂品味會跟我們的思考方式較偏感性，還是理性分析有關。

為什麼音樂讓人懷舊？

這一切都跟「記憶突點」（reminiscence bump）有關。心理學家指出，我們大多會記得青少年跟青年時期的事，最喜愛的音樂也都是出自這些時光。我們

對自己的認知成形於年輕歲月，伴隨著青少年時期經歷的那些歌曲，在腦中留下一輩子的情緒印記。2013 年劍橋大學的研究證實，當我們年紀漸長，音樂對我們的重要性會降低，想聽的音樂也比較沒那麼「強烈」，比方說爵士樂或古典樂。

馬妮·蔡斯特頓（Marnie Chesterton） 《大眾科學》節目客座主持人，探討是什麼形成我們的音樂品味。

焦慮時為什麼會冒汗？

這是人類「戰逃反應」（fight or flight）的一部分，此時交感神經系統釋出腎上腺素等荷爾蒙刺激汗腺。腦部掃描結果發現，聞到其他人驚慌時的汗水氣味，也會活化腦中掌管情緒和社會訊號的區域。所以有個理論指出，這種冒汗現象是演化而來的行為，用意是讓其他人提高警覺，準備面對使我們焦慮的事物——如果眼前有隻正在覓食的老虎，這種反應就很重要。（ED答）

為什麼無法想像超過三維的世界？

我們的腦受演化形塑，無法思考三個以上的維度，這代表四維或更多維度對人類祖先的生存或繁衍沒有價值——會這樣也不足為奇，畢竟我們生活在三維空間中，很難想像真正無限大的空間、永恆或其他形而上的概念。就算能理解這些詞的意義，也沒辦法想像，因為我們的腦已經習慣處理這個世界有限的空間和時間。（CJ答）

斷食有益健康嗎？

斷食時，身體會有什麼變化？

食物會提供身體細胞需要的燃料，也就是葡萄糖。而人體會釋放定量葡萄糖至血液，剩下的則儲存為肝醣，需要時才釋放。一旦葡萄糖供給用盡（至少 12 小時沒進食），就會開始燃燒體內貯存的脂肪。

燃燒脂肪時會產生一種叫做酮的物質，高濃度的酮會抑制飢餓感（這可以解釋為什麼很多斷食者聲稱，斷食數天後反而覺得比較不餓）。研究者如英國曼徹斯特大學營養學家蜜雪兒・哈維（Michelle Harvie）探討這種身體新陳代謝的效應時，發現斷食使某些荷爾蒙濃度降低，減少罹患乳癌的風險。

斷食的減肥效果如何？

斷食可迫使身體燃燒脂肪，因此限制自己攝取食物應該是有效減肥方法，不過對於什麼方法能產生最多益處，科學家意見分歧。「5：2 斷食法」之類的間接斷食法就主張若要安全減肥，得連續兩天只吃 500 至 800 大卡的低碳水化合物飲食。

然而你需要更長的時間，例如三、四天都不吃碳水化合物，才能讓身體進入胃口開始降低的「酮症」狀態。專家建議不要在沒有醫囑的情況下嘗試這種斷食方式，並警告過度斷食會導致一些尚未完全清楚的長期後果。

斷食有意想不到的益處嗎？

斷食似乎有益心智。神經科學家馬克・麥特森博士（Mark Mattson）指出，飲食熱量受到限制的小鼠，其記憶測試時的表現比吃得很好的同伴更出色。麥特森在 2016 年進行人體實驗，結果顯示斷食可以保護大腦，不會累積造成阿茲海默症的類澱粉蛋白。倫敦國王學院的提姆・史佩克特教授（Tim Spector）亦指出，斷食會改變腸道菌，健康的人體內有數種細菌在斷食後會增生，因此偶爾不吃早餐，也許有助於你的腸道微生物體。

馬妮・蔡斯特頓（Marnie Chesterton）　《大眾科學》節目客座主持人，討論斷食是否有益健康。可在下列網址收聽：bit.ly/crowd_science_fasting

為什麼開車讓人容易想睡？

在方向盤前打盹是人們共通的經驗，不時有出人命的可能；估計全球每年 25 萬人因開車打盹而身亡。人在半睡半醒的狀態當然無法好好開車，研究指出人只要坐在移動的車裡，15 分鐘之內就會觸發昏睡感。澳洲墨爾本皇家理工大學的研究團隊 2018 年 7 月發表研究結果，提出我們開車時感覺到的振動會觸發嗜睡感。原因目前還不清楚，不過有意思的是，要觸發嗜睡感的振動頻率，大約是每秒七個循環，類似所謂的大腦 θ 波（theta），這種腦波與入睡有關。其他研究則認為，車輪發出嘶嘶般的「白噪音」也使人「愛睏」。（RM 答）

為什麼有些人特別容易長「耳蟲」？

研究指出，一個人越重視音樂，就越容易有「耳蟲」（歌曲在腦中迴盪不去）。心理學家認為耳蟲是某種「非自願記憶」，我們越常思索、練習或聆聽音樂，這些經驗自動浮現出來的機率就越高。人格也是相關因素，思想開放的人比較容易有耳蟲（因為這類個性與花在聽音樂的時間有關）。另一項研究則發現，自制力較差的人不一定較容易被音樂洗腦，但確實比較容易受干擾，也較難停止。（CJ 答）

為什麼光頭看起來比其他部位的皮膚更亮？

我們身上大部分皮膚有層細毛，稱為柔毛（vellus），使皮膚泛著桃子般的絲絨光澤。發生雄性禿時，毛囊會縮小變成皮膚細胞，所以完全沒有毛髮，連柔毛也沒有，但頭皮有皮脂腺，所以特別亮。這些腺體會分泌油脂，遍布皮膚各處，且頭皮特別多；油覆蓋皮膚，形成更均勻的反光表面。此外研究指出，活動特別旺盛的皮脂腺，也可能是早期落髮的因素之一。（LV 答）

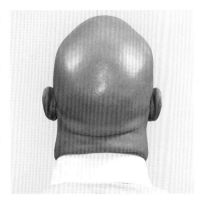

人體需要鹽分嗎？

鹽分對於神經系統作用、肌肉收縮與舒張，及維持體液平衡非常重要，我們少了它就無法存活。然而我們需要的鹽分其實非常少，每天不到四分之一茶匙，幾乎所有人都攝取過量。每天若超過六公克（一茶匙），對於已罹患或已罹患高血壓風險的人，會造成身體負擔。減少鹽分攝取量的最佳辦法，就是少吃精製食品。（ZW 答）

為什麼會起水泡？

水泡是皮膚防止因為過度摩擦（新鞋打腳）、燒灼、刺激性物質或過敏等因素而受傷的方法。起水泡時，平常緊密結合的表皮和真皮之間會有液體聚集，這種液體稱為血清，可防止下層皮膚組織進一步受損，有助於復原。因此雖然很難忍住，但最好不要弄破水泡。（ZW 答）

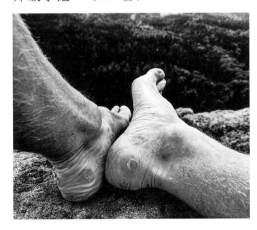

打哈欠時為什麼
會聽不見？

這是中耳裡頭的鼓膜張肌所
致。這種肌肉連接到小塊的
「錘骨」，錘骨負責傳遞來
自耳膜的聲音。聽到像是雷
聲之類突如其來的響聲時，
鼓膜張肌會自動收縮，減低
我們的聽力靈敏度。我們在咀嚼時，
它也會收縮，這樣才不會被自己下顎
肌發出的聲音給震聾。打哈欠牽動的
下顎運動同樣會觸發鼓膜張肌反應，
因此我們在打哈欠的時候聽不到聲音。
（LV 答）

為什麼看電視容易上癮？

把電視這種科技視為跟尼古丁以及
酒類等會令人成癮的看法，一直有
爭議。儘管如此，很多人確實花
非常多時間看電視，而且老實說，
看電視的頻率也比我們想要的多很
多。除了那些吊人胃口的時刻跟劇
情轉折外，看電視的主要魅力在於
不費什麼力氣就能隨時滿足我們許
多基本心理需求。電視
讓我們的心情得以轉變，
可以從中學習，得知世
界上發生了什麼事，且
享受效力持久，所謂「擬
社交關係」，也就是與可
取代親友的虛擬人物發
展出來的關係——這一
切只要舒舒服服坐在沙
發上就能達成。（CJ答）

打嗝和放屁時，身體有什麼變化？

每個人每天會由打嗝和放屁排出大約 2.5 公升的氣體，這些氣體來自我們吸入的空氣、大口喝下的飲料，以及消化系統內的細菌。人類和牛不同，屁的主要成分不是甲烷，所以有人表演用火點燃屁時，通常是以氫氣冒充的。

打嗝

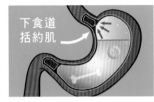

1. 吃吃喝喝

我們每吃一口食物或喝一口飲料，都會吞下幾毫升空氣，大多是氮和氧。碳酸飲料也含有數毫升二氧化碳。

2. 氣體分離

氣體在胃中與食物分離，壓迫下食道括約肌，其功能是封閉胃的上端。

3. 括約肌開啟

壓力迫使括約肌打開，氣體快速噴出而打嗝。打嗝聲則是括約肌和食道壁振動。

放屁

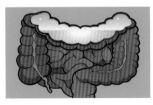

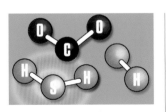

1. 細菌活動

我們吞下的少量空氣進入腸子，但氣體大多為協助消化食物的腸道菌所製造。

2. 臭烘烘的硫

這些氣體主要是氫和二氧化碳，氣味則來自極少量的硫化合物。

3. 是屁還是大便？

肛門神經末梢能分辨積聚的氣體和固態糞便，讓我們能夠安心放屁。

人造子宮

為什麼需要人造子宮？

研究人員希望藉由人造子宮提升早產兒的存活機會，讓他們待在類似母體的環境發育。美國費城兒童醫院的小兒外科醫生在 2017 年發表了一項新技法，可把胎兒置於裝滿合成羊水的「生物袋」，目前已使用於早產羔羊測試。研究人員將羔羊的臍帶連接到生物袋外的氣體交換機器，讓羔羊體內血液充滿氧氣與養分。有些羔羊因此體重增加，達到出生標準。倘若這項技術更形安全，也許能夠用以拯救人類早產兒的性命。

寶寶從母體獲得什麼？

經過數百萬年的演化，哺乳類懷孕成為一種異常複雜、精細無比的過程。母親與胎兒透過胎盤密切地連在一起——胎盤是從胎兒生長出來，連接母親子宮內壁的器官。氧氣、養分及荷爾蒙都會經胎盤由母親輸入胎兒體內，隨著胎兒發育過程，不斷分泌荷爾蒙刺激並維持懷孕狀態。胎兒同時會把二氧化碳等廢物回送到母親血液裡；母親的體溫對於胎兒發展也很重要。人造子宮必須能夠全然複製這些條件。

最大的障礙何在？

懷孕過程裡最為細緻，或許也是最不為人了解的階段，莫過於受精後 10 天：受精卵在子宮著床並開始發育的階段。研究者目前在測試如何於體外維持子宮細胞，未來可用來輔助人造

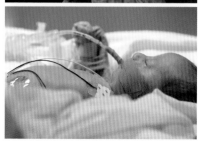

人造子宮計畫的研究者在監控位於「生物袋」裡的早產羔羊，其重要生命徵兆與發育狀況。

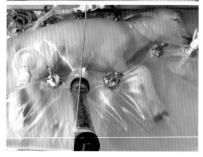

子宮運作，提供胚胎著床處。這個子宮組織必須要有血液供給系統，然而目前尚未達成。若能克服這個難題將能邁進一大步。

羅里‧加洛維（Rory Galloway） 《大眾科學》節目〈我們能做出人造子宮嗎？〉主持人。可在下列網址收看：bbcworldservice.com/crowdscience

無聊時為什麼會覺得時間過得特別慢？

我們無聊時會覺得懶散和疲倦，但在生理層面上，無聊其實是種「高度覺醒」狀態（由此時心率較快可以得知）。另一方面，已知覺醒程度越高，腦的「內部時鐘」越快，所以我們會覺得時間過得特別慢。還有理論指稱，時間變慢是大腦發出的訊號，表示目前狀態不夠令人滿意，我們應該起身做點其他事。（CJ 答）

人體需要鹼性食物嗎？

推廣「鹼性飲食」（也就是 pH 值比水高的食物）的人聲稱，血液若是太偏酸性，會導致骨質疏鬆以及癌症等等健康問題。然而體內負責調節血液 pH 值的系統，並不會受到飲食影響。話雖如此，水果、豆類、堅果、蔬菜在內的鹼性食物似乎的確比較健康，就算吃太多也不會帶來壞處。而少吃精製糖、咖啡、酒類等等酸性食物，當然利大於弊囉。（ED 答）

EARTH 010

健康，從「為什麼」開始：
BBC 專家為你解答身體大小事

作者	《BBC 知識》國際中文版
譯者	賴毓貞、劉書維、高英哲、甘錫安、蕭寶森、林云也、林雅玲、陸維濃
企劃選題	辜雅穗
執行編輯	鄭兆婷
總編輯	辜雅穗
總經理	黃淑貞
發行人	何飛鵬
法律顧問	台英國際商務法律事務所 羅明通律師
出版	紅樹林出版
	臺北市中山區民生東路二段 141 號 7 樓
	電話（02）2500-7008 傳真（02）2500-2648
發行	英屬蓋曼群島商家庭傳媒股份有限公司城邦分公司
	聯絡地址：台北市中山區民生東路二段 141 號 B1
	書虫客服專線（02）25007718 （02）25007719
	24 小時傳真專線（02）25001990 （02）25001991
	服務時間：週一至週五 09:30-12:00，13:30-17:00
	郵撥帳號：19863813 戶名：書虫股份有限公司
	讀者服務信箱 email：service@readingclub.com.tw
	城邦讀書花園：www.cite.com.tw
香港發行所	城邦（香港）出版集團有限公司
	地址：香港灣仔駱克道 193 號東超商業中心 1 樓
	email：hkcite@biznetvigator.com
	電話（852）25086231 傳真（852）25789337
馬新發行所	城邦（馬新）出版集團 Cité(M)Sdn. Bhd.
	41, Jalan Radin Anum, Bandar Baru Sri Petaling,
	57000 Kuala Lumpur, Malaysia.
	電話（603）90578822 傳真（603）90576622
	email：cite@cite.com.my
封面設計	葉若蒂
印刷	卡樂彩色製版印刷有限公司
內頁排版	葉若蒂
經銷商	聯合發行股份有限公司
	客服專線（02）29178022 傳真（02）29158614

2019 年（民 108）10 月初版
Printed in Taiwan
定價 390 元

ISBN 978-986-97418-1-1

BBC Worldwide UK Publishing

Director of Editorial Governance	Nicholas Brett
Publishing Director	Chris Kerwin
Publishing Coordinator	Eva Abramik

UK.Publishing@bbc.com
www.bbcworldwide.com/uk--anz/ukpublishing.aspx

Immediate Media Co Ltd

Chairman	Stephen Alexander
Deputy Chairman	Peter Phippen
CEO	Tom Bureau
Director of International Licensing and Syndication	Tim Hudson
International Partners Manager	Anna Brown

UK TEAM

Editor	Paul McGuiness
Art Editor	Sheu-Kuie Ho
Picture Editor	Sarah Kennett
Publishing Director	Andrew Davies
Managing Director	Andy Marshall

國家圖書館出版品預行編目資料

健康，從「為什麼」開始：BBC 專家為你解答身體大小事／《BBC 知識》國際中文版著；賴毓貞等譯
-- 初版 -- 臺北市：紅樹林出版：家庭傳媒城邦分公司發行，民 108.10
192 面；17X23 公分 .--（earth10）
ISBN 978-986-97418-1-1（平裝）
1. 人體生理學 2. 問題集
397.022　　　　　　　　　　　　108015472